陸と海からの贈り物

砂と砂浜

木澤 武司

東京図書出版

は じ め に

　日本は周囲を海に囲まれています。そして海岸に行き砂浜を見ると、場所によって砂浜の色が違って見えます。また、砂を手にとって拡大して見てみると、一粒一粒がきれいな宝石のように見えます。

　砂浜の砂粒には陸から川によって運ばれてきたものや、波が崖を侵食して集まったものがあります。それらの砂粒は丸い形のものや四角い形のもの、白い色や黒い色、黄色味がかったものやピンク色味がかったものなど様々です。それら砂粒の生い立ちには長い歴史があるのです。

　一方、海から運ばれてきた様々な形や色をした生物の遺骸も見ることができます。海から砂浜に運ばれた貝殻、有孔虫、ウニの棘やサンゴの破片などです。また生き物の体内にあった様々な形をした骨片なども含まれています。海の中に棲息している生き物を想像させてくれます。

　砂浜に行ってみると大きな砂粒が集まっているところと、小さな砂粒が集まっているところ、生物遺骸がよく見られるところがあります。

　そして、砂浜は変化しています。大きな津波などの自然災害や人工的に作られた護岸堤などの影響で砂浜の砂が少なくなったり、砂浜そのものがなくなったりしています。海外から砂を輸入している砂浜もあります。いつまで同じ砂浜が残っているか心配です。

　添付されている DVD には国内外の600ヶ所以上の砂の高精度砂写真が記録されています。いろいろな国や地方の砂をご覧ください。本文中の写真も DVD に収録されています。

I

砂と砂浜 ──────── 目次

*S*earch
*A*mazing
*N*ature
*D*ream

― 素晴らしい自然の夢を追い求めよう ―

はじめに 1

序　章　陸からの贈り物、海からの贈り物 7

陸からの贈り物　/　7

海からの贈り物　/　8

第1章　砂とは？　その形状から分かること 9

砂の大きさと区分　/　9

砂の粗さ（粒度）から分かること　/　9

円磨度で分かること　/　10

淘汰度（分級）で分かること　/　12

第2章　砂の採集から観察まで 13

第3章　陸からたどり着いた岩石片と鉱物 15

特定した岩石片の特徴（形状と色）.. 16

玄武岩（火山岩）/　19

流紋岩（火山岩）/　20

軽石（火山岩）/　21

スコリア（火山岩）/　22

花崗岩（深成岩）/　23

砂岩（堆積岩）/　24

泥岩（頁岩）（堆積岩）/　25

石灰岩（堆積岩）・方解石（鉱物） / 26

チャート（堆積岩） / 27

緑色凝灰岩（グリーンタフ）（堆積岩） / 29

結晶片岩（広域変成岩） / 30

特定した鉱物の特徴（形状と色） 32

形状の特徴で判断が難しい場合 / 35

石英 / 36

長石（斜長石、アルカリ長石） / 37

かんらん石 / 39

単斜輝石（普通輝石） / 40

直方輝石（シソ輝石） / 41

角閃石 / 42

黒雲母 / 43

ざくろ石 / 44

鉄鉱物（磁鉄鉱、チタン鉄鉱） / 46

火山ガラス（バブルウォール型、軽石型） / 47

第4章　海から打ち上げられた生物遺骸 48

特定した生物遺骸の特徴（形状と色） 48

有孔虫 / 50

その他、個体数が少ないが砂の中に観察された有孔虫 / 56

ウニの棘 / 57

微小貝 / 62

フジツボの破片 / 64

コケムシ / 66

サンゴの破片 / 67

ウミトサカの骨片 / 68

カイメンの骨片　/　70

地域別生物遺骸分布 72

第5章　色と磁石による簡単な砂の見分け方 76

台紙上の砂粒子の色による見分け方　/　76

磁石による砂粒子の見分け方　/　77

第6章　世界の砂コレクション 78

DVDの使用法　/　78

国　内 79

北海道　/　79

東北　/　81

関東・伊豆諸島・小笠原諸島　/　84

中部　/　88

近畿　/　91

中国　/　94

四国　/　96

九州　/　98

沖縄　/　101

海　外 103

アジア大陸　/　104

オセアニア地域　/　107

ヨーロッパ　/　109

アフリカ大陸　/　113

北アメリカ、ハワイ諸島　/　115

南アメリカ・南極　/　118

第7章　砂浜の形成と変化 120

（1）２年間にわたる千葉県勝浦市鵜原海岸（砂浜海岸）
　　の定点観測 120

（2）三陸海岸（岩手県）の砂と砂浜　東日本大震災の影響 124

参考文献 127

おわりに 128

DVD に関するご注意

１．使用条件
　本書に付属するDVDは、１人もしくは１台のコンピュータで使用することができます。同時に複数のコンピュータで使用する場合は、使用するコンピュータ台数と同数の本書の購入が必要となります。
　本DVDは、CDプレーヤーには対応していません。

２．著作権
　本DVDは、著作権法によって保護されており、その内容を無断で転載、複製することはできません。

３．返品・交換
　製造上あるいは流通上の原因によるトラブルによって使用不能の場合は、トラブルの具体的な状態を明記の上、購入日より１カ月以内に小社までご返送ください。新しい製品と交換いたします。上記以外の交換には一切応じかねますので予めご了承ください。

４．著作者・出版社の責任
　著作者および出版社は、本DVDの使用によって発生した、お客様の直接的・間接的な損害に対して一切責任を負いません。

序章　陸からの贈り物、海からの贈り物

陸からの贈り物

茨城県桜川市岩瀬町

スイス Zermatt

　世界有数の火山国である日本は火山の噴火で溶岩が流れ、その溶岩が積み重なって高くなってきた山や、長い間の地殻変動によって隆起してできあがった山からなっています。

　海岸の砂に見られる岩石片や鉱物は山の岩石が侵食されたもの、途中の河床が削られたもの、崖が波で削られたものなどからできています。

　山から川まで運ばれてきた岩石片や鉱物、崖が波の侵食で崩れてできた岩石片や鉱物などを見ると元の山や河床などの生い立ち（後背地）を想像することができます。

海からの贈り物

千葉県勝浦市鵜原海岸

沖縄県波照間島ペムチ浜

　日本の周囲の海には豊富な生き物が棲息しています。そのため海岸の砂に含まれている生物遺骸の種類も多く、殻などの外形がそのまま残っているものもあります。生物の体内にあった骨片なども砂に混じっています。また、化石も含まれることがあります。ただし、海岸に打ち寄せられた多くの生物遺骸は波のエネルギーにより摩耗したり破損したりしたものが多いのです。
　砂の中の生物遺骸は、一度形や色を覚えてしまえば見つけるのが容易です。それらを見ていると、海の中の生き物たちを想像することができます。

第 1 章　砂とは？ その形状から分かること

　砂は大きさが1/16mmから 2 mmまでのもので、砂より大きいものを「礫（れき）」、小さいものを「泥（どろ）」と言います。

　海岸の多くの砂は山から川を下って海岸にたどり着いた岩石片や鉱物、海から打ち上げられた生物の遺骸などからなっています。

　それらの砂（右の写真は海外で採集した砂の一部です）は採集した場所により特徴（形状と色）が異なります。

砂の大きさと区分（単位mm）

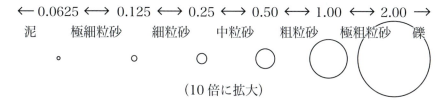

（10倍に拡大）

砂の粗さ（粒度）から分かること

　砂の大きさは、波が小さく穏やかならば運ばれる砂粒は小さく、波が大きくなれば運ばれる砂粒は大きくなります。

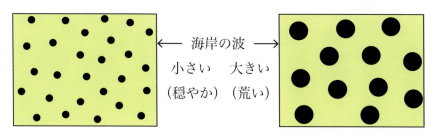

実例：砂浜の形成と変化　(1) 2年間にわたる千葉県勝浦市鵜原海岸（砂浜海岸）定点観測 P120参照

鵜原海岸「東側」

鵜原海岸「西側」

円磨度で分かること

　大きな粒子は早く丸くなり、小さくなると水が緩衝役となり摩耗はゆっくりとなります。摩耗具合は山地の露頭から海岸までの河川と海岸での波の影響を受けます。
　砂粒が角張った粒子であれば真新しいことが分かり、丸くなっていれば長い間ぶつかり合い摩耗したことを示します。
　円磨度も目視で極良好、良好、普通、不良、極不良と分けています。

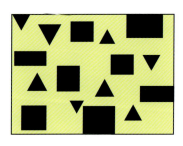

山 → 海

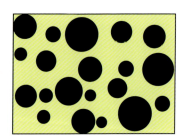

第1章 砂とは？ その形状から分かること

実例：栃木県奥日光丸沼湖畔で採集した砂と、鬼怒川水系から利根川下流水系を約280km下った千葉県銚子市長崎海水浴場の採集砂を比較してみました。

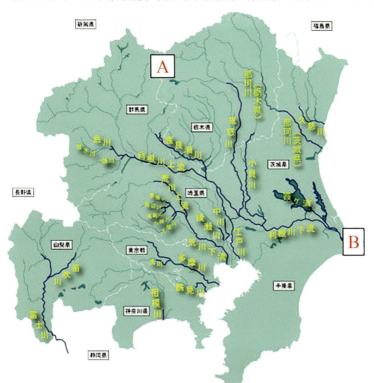

A 栃木県奥日光丸沼湖畔

B 千葉県銚子市長崎海水浴場

11

Aは河川上流の風化した岩石片や円磨度の「極不良」な砂礫。B海岸での砂礫は円磨度が「良好」に変わっています。山岳の麓や湖の砂礫は円磨度が悪く、河川から海岸に到着し波のエネルギーを受けた砂礫は円磨度が良好になっています。また、長石は摩耗され少なくなっています。一方、摩耗に強い石英の比率は増えています。

淘汰度（分級）で分かること

　荒天（暴風や高波）の後は不ぞろいとなりますが、時間が経過すると元に戻ります。

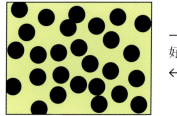 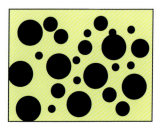

実例：砂浜の形成と変化　(2) 三陸海岸（岩手県）の砂と砂浜　P124参照
　　岩手県十府ヶ浦海岸での2011年3月11日東日本大震災の津波による影響。

採集年月：2009年11月　　　　　　　　採集年月：2013年10月

第2章　砂の採集から観察まで

本章の内容は主に須藤定久先生の指導によるものです。

▪ 砂の採集
　小さな瓶やプラスチックの袋に砂を入れます。ラベルに採集場所と日時を書いて貼り付けて下さい。できれば採集した場所の写真も撮っておきましょう。

▪ 砂の洗浄
　野外で採集した砂は基本的に汚れているため、容器に砂と水を入れ撹拌し何度も水を入れ替えて水が透明になるまで洗浄します。その後コーヒーフィルターなどを使い濾過し、新聞紙に採集砂をのせ何回となく新聞紙を交換し自然乾燥します。

　　１：泥岩片が含まれる砂はいつまでも泥が溶出し洗浄水が濁るため、一定回数の洗浄で切り上げます。
　　２：海岸の砂は波で洗われて綺麗に見えますが、十分洗浄しないと塩の結晶が砂粒に付着します。

▪ 砂の貼り付け台紙の色
　白・黒を二分した台紙を採用します。白色台紙は有色鉱物、黒色台紙は無色鉱物が容易に観察できます。また、台紙の色を青色にすると輝石などがよく識別できます。
（Raymond Siever 著・立石雅昭訳の「砂の科学」の中にも同色があります）

　白黒に二分した左端の台紙を採用しました。

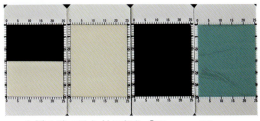

台紙の砂の貼り付け部分「25 mm × 30 mm」

13

▪ 台紙の接着面用両面テープ

接着面を作る両面テープはプラスチックフィルム製を使用します。紙の剥離紙の場合、紙の繊維が接着面に付いてしまうためです。

▪ 砂の貼り付け方

粗い砂と細かい砂が混じるものを同時に台紙にのせると細かい砂が先に付いてしまい、粗い砂が付かなくなります。先ずは粗い砂をのせ、次に細かい砂をのせます。

▪ 観察

ルーペや実体顕微鏡で拡大して見てみましょう！

▪ 写真撮影と写真の保管

接写台に台紙をのせ、砂の本来の色を求めるには窓を開けて自然光の下で撮影します。

砂の観察用の接写台は焦点を合わせるためカメラを前後、また左右にスライドします。

（接写台は須藤定久先生の考案です）

撮影した写真はパソコンの機能を用いトリミング及びスケールを挿入し完成します。そして、写真をパソコンやDVDに収めます。

▪ 砂の定量的分析

パソコンや DVD に記録されている写真をパソコンなどで拡大し、岩石片・鉱物・生物遺骸の量比などを分析します。

第3章　陸からたどり着いた岩石片と鉱物

岩石の種類は大きく次の三つに分類されます。
　火成岩 ── 火山岩　火山から噴出した溶岩が固まってできたもの［流紋岩、安山岩、玄武岩］
　　　　　　深成岩　地下のマグマが地中で固まってできたもの［花崗岩、閃緑岩、斑れい岩］
　堆積岩 ── 主に、海や湖の底で堆積したもの［砂岩、泥岩、チャートなど］
　変成岩 ── 上記のいずれかを原岩とし、高圧や高温（あるいは両方）によって、岩石中の鉱物組成が変化したもの［結晶片岩など］

　花崗岩のような深成岩は地下でじっくりと鉱物が成長するので鉱物の粒が大きくなり表面によく見えます。
　一方、玄武岩のような火山岩はマグマが急激に冷やされたため大きな結晶になれなかった微粒子が多くなります。玄武岩は有色鉱物や磁鉄鉱の微粒子を多く含むため、黒っぽく、また磁石に付きます。

火成岩（火山岩、深成岩）と鉱物の関連図

参考：『ニューステージ新訂地学図表　浜島書店』より

黒っぽい岩石「玄武岩」

白っぽい岩石「花崗岩」

特定した岩石片の特徴（形状と色）

採集した砂の中には岩石の破片が含まれています。ルーペや実体顕微鏡で判別できるものがないか探ってみました。

玄武岩（火山岩）

	形状	表面に発泡の穴が見えるものがある。
	色	黒っぽい岩石で、風化すると赤褐色に。含まれる白い鉱物は斜長石、黒っぽい鉱物は主に輝石、磁鉄鉱。

流紋岩（火山岩）

	形状	きめが細かく角ばった粒になる傾向がある。
	色	白色、灰色が多い。赤色、黄褐色などの色を示すことがある。

軽石（火山岩）

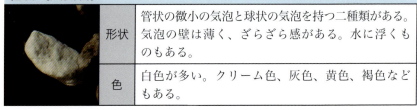

	形状	管状の微小の気泡と球状の気泡を持つ二種類がある。気泡の壁は薄く、ざらざら感がある。水に浮くものもある。
	色	白色が多い。クリーム色、灰色、黄色、褐色などもある。

流紋岩は水の表面にのせるとすぐに沈みますが、軽石はしばらく沈まないものがあります。

スコリア（火山岩）

	形状	気泡を持ち気泡の壁は厚い。軽石よりは沈みやすい。
	色	黒色から赤褐色。

第3章　陸からたどり着いた岩石片と鉱物

花崗岩（深成岩）

色	白や淡紅色が多く、ゴマのように黒い粒が入って見える。白っぽい大きい鉱物は石英、斜長石、淡紅色に見えるのはアルカリ長石。黒っぽい鉱物は角閃石、黒雲母。

砂岩（堆積岩）

形状	粒子サイズが1/16〜2 mmの粒が肉眼で認識でき、表面はざらざらしている。角は丸く、粒も丸みを帯びている。石英の粒でできたものが多い。
色	白色〜灰色が多く、酸化鉄により黄色や褐色を示す場合がある。

泥岩（頁岩）（堆積岩）

形状	粒子サイズが1/16 mm以下で粒は見えない。形状は様々で、表面はすべすべしている。
色	黒っぽいものが多いが、灰色や褐色のものもある。頁岩は細かな石英脈が入る場合もある。

石灰岩（堆積岩）・方解石（鉱物）

石灰岩片　　　方解石

形状	石灰岩：不定形 方解石：角ばっている。割れた面は比較的平滑。
色	石灰岩：白色から黒灰色、表面は白い粉をまぶしたよう。 方解石：ガラス光沢。不純物混入で色が変わる。

17

チャート（堆積岩）

形状	非常に硬い石英質でできている。表面はツルっとしている。
色	褐色、赤色、緑色、淡緑灰色、淡青灰色、灰色など様々な色がある。光沢があり、黒いすじが見える場合がある。

緑色凝灰岩（堆積岩）

形状	緑色の凝灰岩（火山から噴出された火山灰が水中に堆積してできた岩石）。
色	比較的薄い緑、白味がかった淡い緑色を示すものが多い。

結晶片岩（広域変成岩）

形状	平たい鉱物が平行に配列して層状になっている。キラキラと銀色に光るものもある。
色	灰色・銀色、光沢のある緑色、赤色など。

ミニ情報

千葉県勝浦市の鵜原海岸や守屋海岸の砂浜を歩いていると穴の開いた砂岩の石ころが見つかります。オブジェとして飾っています。
これは岩に穴をあける能力を持った貝類（ほとんど二枚貝）が作ったものです。このような貝を一般に穿孔貝と呼んでいます。

第3章　陸からたどり着いた岩石片と鉱物

玄武岩（火山岩）

　形状：噴出時の圧力の減少で発泡が見られるものがあります。
　色：破片は暗灰色または暗緑色が多く、風化を受けると赤褐色を呈します。
　　　白い鉱物は斜長石。黒っぽい鉱物は主に輝石や磁鉄鉱です。

▪ 玄武岩片が見られる海岸の砂

青森県八戸市種差海岸　　　東京都八丈島横間海岸　　　伊豆大島砂の浜

　起源：地球上で最も多い火山岩。火山活動により火山から噴出した溶岩
　　　が地表付近で急に冷えて固まってできた岩石で、富士山や伊豆大島
　　　の岩石は玄武岩です。

19

流紋岩（火山岩）

　形状：きめが細かい表面で角ばった粒になる傾向があります。
　色：白色が基本で、灰色、赤色、黄褐色などの色になることがあります。

▪ **流紋岩片が見られる海岸の砂礫**

伊豆諸島神津島前浜

岩手県浄土ヶ浜

　起源：本来マグマが冷えて固まってできたものですが、火砕流堆積物が固化した溶結凝灰岩と区別がつかない場合があります。
　　　　水がしみ込みにくく侵食作用に耐え、地形的ピークを構成する場合が多いです。

ミニ情報

磁石は直接砂粒に付けず、小さなプラスチックの袋かラップフィルムで磁石を包みましょう。

軽石（火山岩）

形状：細い管状の微小の気泡と球状の気泡を持つ二種類があります。気泡の壁は薄く、ざらざら感があり、水に浮くものもあります。
色：白、クリーム色、灰色、黄色、褐色など。

▪ 軽石が見られる海岸の砂

北海道稚内市ノシャップ寒流水族館　　　　伊豆諸島新島東羽伏浦海岸

起源：流紋岩質のマグマが噴火で空中に噴き上げられた際、ガスが抜け出しスカスカになったもの。繊維が束ねられたようにも見えます。

ミニ情報

2021.8.13東京都小笠原村福徳岡ノ場の海底火山噴火に伴う安山岩の軽石が沖縄県古宇利島に漂着。2022.4.23に採集しました。

スコリア（火山岩）

形状：気泡を持ち気泡の壁は厚い。
色：黒色から赤褐色。

▪ スコリアが見られる海岸の砂

東京都八丈島横間海岸

青森県十和田湖畔

起源：玄武岩質の溶岩が噴火で空中に噴き上げられた際、ガスが抜け出したもの。

ミニ情報

暴風雨の翌朝、千葉県勝浦市鵜原海岸を歩いていた時、真っ黒な軽石が見つかりました。おそらく八丈島か三宅島か大島から流れ着いたものです。これは玄武岩系のスコリア（ガラス質）で、中にはきらきら光る斜長石を見ることができました。

花崗岩（深成岩）

色：白や淡紅色が多く、白い鉱物（無色鉱物）は石英、斜長石、淡紅色に見えるのはアルカリ長石。黒っぽい鉱物（有色鉱物）は角閃石、黒雲母。

 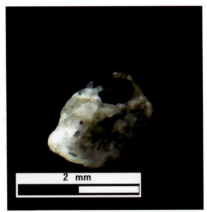

- 花崗岩片が見られる海岸の砂

岩手県吉浜海岸　　愛媛県松山市怒和島元怒和　　茨城県筑波山男女川水源

起源：流紋岩質のマグマが地下深くで、ゆっくりと冷えて固まってできた深成岩。

砂岩（堆積岩）

形状：粒子サイズが1/16〜2 mmの粒が肉眼で認識でき、表面はザラザラしています。粒も丸みを帯びています。

色：白色〜灰色が多い。酸化鉄により黄色や褐色のものがあります。

▪ 砂岩片が見られる海岸の砂

愛媛県宇和島市小浜　　　北海道ベニヤ原生花園　　　高知県高知市桂浜

起源：海底や湖底に堆積した砂が長い年月をかけて固まった岩石。構成鉱物は石英と長石が多い。

泥岩（頁岩）（堆積岩）

形状：粒子サイズが1/16 mm以下で、きめが細かくなめらか。形状は様々で、すべすべしています。頁岩は細かな石英脈が入るものもあります。

色：黒っぽいものは古い時代のもの、新しい時代のものは灰色や褐色などが多い。

- 泥岩片が見られる海岸の砂

北海道襟裳岬

岩手県大船渡市碁石海岸

起源：海底や湖の底などに形成され、頁岩は泥岩が地下の深い所でより高い圧力を受けたもの。

石灰岩（堆積岩）・方解石（鉱物）

①石灰岩
　　形状：不定形。
　　色：白色〜黒色。表面に白い粉が見えることがあります。
　　起源：サンゴや有孔虫などの炭酸カルシウムの生物遺骸が海底で堆積し
　　　　　た岩石。

　石灰岩は炭酸カルシウムを主成分とするため酸性雨によって溶かされ脆くなり、砂礫になりにくい岩石です。また、琉球石灰岩片と現生サンゴ片を見分けることは難しいです。

▪ 石灰岩片が見られる海岸の砂

アイルランド Aran Is. Ronain

スイス Zermatt

②方解石
　　形状：へき開が顕著で角ばっています。割れた面は比較的平滑。
　　色：無色〜白色、ガラス光沢。
　　起源：石灰岩の一部が溶けて割れ目の中で再結晶したものと、石灰岩が
　　　　　圧密を受けて再結晶した大理石の破片があります。

▪ 方解石片が見られる海岸の砂

スイス Zermatt

ベトナム Ha Long Bay

チャート（堆積岩）

形状：石英質でできていて、表面がツルっとしており透明感があります。非常に硬い岩石。内部に縦横に走る黒いすじが見えることがあります。

色：褐色、赤色、緑色、淡緑灰色、淡青灰色、灰色など様々。

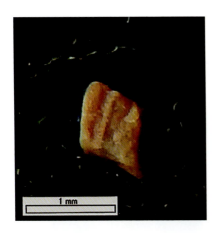 

▪ チャート片が見られる海岸の砂

富山県下新川郡朝日町　　高知県安芸郡琴ヶ浜海岸　　愛媛県八幡浜市磯崎

起源：主成分は二酸化ケイ素（SiO_2、石英）で、この成分を持つ放散虫、海綿動物（P70参照）などの殻や骨片（微化石）が海底に堆積してできた岩石。暖色系のものは微細な赤鉄鉱などに起因し、緑色のものは緑色の粘土鉱物などに起因します。

放散虫は単細胞の真核生物で主に海に棲息しています。大きさは1/10〜1/20 mm程でガラス質の骨格を持ち、微化石としても見出されています。

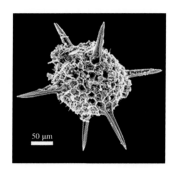

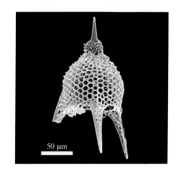

放散虫化石の電子顕微鏡写真
千葉県立中央博物館
菊川照英氏提供

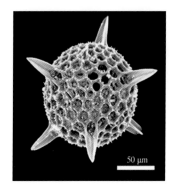

第3章 陸からたどり着いた岩石片と鉱物

緑色凝灰岩（グリーンタフ）（堆積岩）

日本海が開いて日本列島の原型が形成された時代、日本海の海底で活発な火山活動がありました。この時の海底火山活動により有色鉱物（主に黒雲母・角閃石・輝石など）が緑泥石という緑色の鉱物に変わってできた凝灰岩。
日本海側を中心に日本列島に広く分布し、秋田県をはじめ東北地方に特に広く分布しています。
出典：OHDA WEB MUSEUM グリーンタフ

色：比較的薄い緑、白味がかった淡い緑色をもつものが多い。

- 緑色凝灰岩（グリーンタフ）片が見られる海岸の砂

北海道斜里町ウトロ湾　　新潟県佐渡市達者海岸　　富山県下新川郡境海岸

29

結晶片岩（広域変成岩）

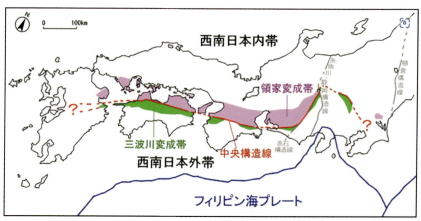

出典：大鹿村中央構造線博物館　三波川変成帯の岩石

　変成岩類の代表的な分布地域である三波川変成帯は中央構造線の外帯側に関東から九州まで続いている地質帯。三波川変成帯の岩石は板を重ねたような結晶片岩類です。

　　形状：薄い板状の鉱物が平行に配列し層状になっています。キラキラと
　　　　　銀色に光るものもあります。
　　色：光沢のある灰色、銀色、緑色、赤色など。

第3章　陸からたどり着いた岩石片と鉱物

▪ 結晶片岩片が見られる河川と海岸の砂

埼玉県秩父郡長瀞岩畳　　愛媛県三崎町佐田岬　　徳島県徳島市小松海岸

起源：地下深部に岩石が押し込まれて高い熱や圧力のもとで再結晶した鉱物が一方向に平行に並ぶ。

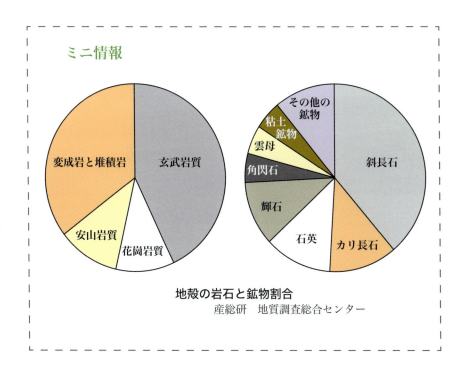

ミニ情報

地殻の岩石と鉱物割合
産総研　地質調査総合センター

31

特定した鉱物の特徴（形状と色）

海岸の砂に見られる鉱物は波のエネルギーなどにより破壊し、原形を保つものが少ない。（ ）内は原形としての特徴です。

石英

形状	砂の中の石英は不定形で割れた断面がガラスや貝殻状のような曲線で平面でない（そろばん玉状）。
色	透明。不純物によって紫色、薄い茶色、ピンク色に着色する。クリスタルガラス状の光沢がある。

斜長石

形状	箱型の直方体状で「へき開」に沿って直線的に割れる。
色	透明。ただし、石英から比べると少し濁っている。風化すると白色半透明。

へき開：結晶がある特定方向で割れやすい性質

アルカリ長石

形状	箱型の直方体状。ただし他形も多い。
色	白、淡褐色、ピンク色で、不透明。やや鈍いガラス光沢がある。

かんらん石（橄欖石）大きな結晶は宝石ペリドット

形状	海岸の砂にはコロっとした丸い形が多い（短柱状、輪郭はやや細長い六角形）。
色	透明感のあるオリーブ色、オレンジ色、赤褐色がかった黄色。水にぬれたようなうるんだ光沢がある。砂の中には不透明になったものもある。黒いクロムスピネルの小粒子（非磁性）を含むものが多い。

第3章　陸からたどり着いた岩石片と鉱物

単斜輝石（普通輝石）

形状	側面がはぎとられたような短い柱状が多い。風化が進むと両端がギザギザになる（柱状で断面は八角形、両端は丸みを持つ）。二方向の「へき開」がほぼ直交する。
色	小さいものは淡緑色、濃緑色で透明感がある。大きい結晶は黒色不透明で鈍いガラス光沢がある。

直方輝石（シソ輝石）

形状	細長い板状で平らな面を持つ。「へき開」は不明瞭（柱の端は山型〈塔婆状〉）。
色	黄褐色～緑褐色で透明感のある鈍いガラス光沢。大きい結晶のものは黒褐色で、鈍い光沢がある。黒い鉄鉱物の小粒子を含むことが多く、磁石に付く。

角閃石

形状	細長く平らな柱状（長柱状）で柱面に山型の面を持つ（横断面はつぶれた六角形）。平らな表面には平行なすじが見える。二方向の「へき開」は約120度。
色	濃緑色、黒色。光沢が強い。ほとんど不透明。

黒雲母

形状	六角形の平板状で板に平行な「へき開」がある。薄くはがれやすい。
色	黒色不透明で強い光沢を持ち、光をピカピカと反射する。風化すると金色や銀色になる。

ざくろ石（柘榴石）（ガーネット）

形状	コロっと丸い（偏稜二十四面体を呈する球状）。
色	主にピンクから赤。透明感がありガラス状の光沢を示す。

鉄鉱物　磁鉄鉱（製鉄原料となる鉱物）

	形状	コロっとしている（八面体を呈する）。
	色	黒色で不透明、強い金属光沢。磁性が強い。

鉄鉱物　チタン鉄鉱

	形状	六角板状ないし卓状を呈する。
	色	黒色で不透明、新鮮な結晶面では金属光沢があるが、やや鈍い。磁性はあるが磁鉄鉱より弱い。

火山ガラス

	形状	バブルウォール型：ゆるく湾曲した平板型や、泡の接合部にあたるＹ字型。 軽石型：小さい気泡が集合したスポンジ状のものや、一方向に気泡が伸びた繊維状のもの。
	色	バブルウォール型：一般に無色透明のものが多いが、淡褐色透明もある。 軽石型：一般に白色が多いが、淡褐色、褐色もある。

ミニ情報

北海道アポイ岳のかんらん石はとても新鮮。
その美しい結晶は８月の誕生石「ペリドット」という宝石になります。かんらん石の英語「オリビン」は、このオリーブ色からつけられました。
「アポイ岳ジオパーク」公式サイトより。

かんらん石の宝石　ペリドット

第3章　陸からたどり着いた岩石片と鉱物

形状の特徴で判断が難しい場合

　海岸の砂に含まれる鉱物は特に波のエネルギーにより破損し、原形を保つものが少なく、形状から判定することが難しいことがあります。
　写真は左から角閃石、単斜輝石、直方輝石の場合。

原形の特徴例

　角閃石の一つの特徴は横断面がつぶれた六角形。
　単斜輝石の特徴は両端が丸みを持つ。
　直方輝石の特徴は端が卒塔婆状の山型。
　しかし、残念ながら砂の中に原形に近い特徴を持つ鉱物を探すことは難しい。

　そこで、色・光沢・透明性・磁性（P77参照）などの特徴を加味して識別する必要があります。

　角閃石はほとんど不透明で光沢があり表面にすじがあります。
　単斜輝石は磁性を持ちません。
　直方輝石は黒い鉄鉱物の小粒子を含むものが多く、磁性を持ちます。
　なお、生物遺骸や石灰岩片は希塩酸をたらすと炭酸ガスの泡が出ます。

　　注意：希塩酸を使用する場合は、手袋やメガネ等の保護具をするなど注意して下さい。

石　英

形状：砂の中に見える多くの石英は不規則に割れ、断面がガラスや貝殻
　　　片のように曲線で平面がない。しかし、そろばん型のようなコロっ
　　　としたものも含まれています。
色：クリスタルガラス状の光沢を持ち透明。ごく微量の不純物によって
　　　紫色や薄い茶色、あるいはピンク色に着色することもある。

　　　　　　不定形な石英　　　　　　　　　　　　　原形

▪ 石英が多い海岸や湖畔の砂

　秋田県仙北市田沢湖畔　　　伊豆諸島新島西側若郷　　　鳥取県大田市琴ヶ浜

起源：石英は地殻を構成する一般的な造岩鉱物で、長石に次いで最もよく
　　　見られます（P31参照）。火成岩・変成岩・堆積岩に含まれます。水晶
　　　（大きな石英）は、花崗岩質ペグマタイト・熱水鉱脈などに産出しま
　　　す。石英は風化に強く砂の主体となることが多い。砂漠の砂は石英が
　　　主です。日本は火山が多く、砂の中には不定形な高温型の石英が多い。

第3章　陸からたどり着いた岩石片と鉱物

長石（斜長石、アルカリ長石）

①斜長石

　形状：1ないし2方向の「へき開」が目立ち、それに沿って直線的に割れるものが多い。割れ口は平面となり光をかざすと反射する（柱状の結晶の平行六面体で、短柱状・長柱状・板状・卓上・粒状などいろいろ）。

　色：透明から白色の半透明、石英に比べると少し濁っている。
　注：曇った面を持つ石英もあり、石英と斜長石の区別が難しい場合もあります。

②アルカリ長石

　形状：箱型で四角形。ただし他形も多い。
　色：白、淡褐色、ピンク色で不透明。

斜長石

アルカリ長石

斜長石が多い
　海岸の砂

伊豆諸島新島西側若郷

鳥取県境港中浜港

37

アルカリ長石が見られる砂

兵庫県淡路市東浦グリーンビーチ

起源：長石類は花崗岩中に最も多く含まれ、カリウム・ナトリウムを主成分とするアルカリ長石と、ナトリウム・カルシウムを主成分とする斜長石とがあります。斜長石は多くの岩石に含まれ、地殻では最も多く存在する鉱物です。斜長石は海岸の砂にも多く含まれています。一方、アルカリ長石は珪長質岩である花崗岩や流紋岩に含まれます。

ミニ情報

TBSテレビ『噂の！東京マガジン』より ― 2020年9月13日放送 千葉市の稲毛海浜公園が去年10月にリニューアル。公園内の「いなげの浜」にはオーストラリア産の白い砂が撒かれ注目を集めました。ところが、完成から6日後に直撃した台風19号により、白い砂は飛散し、砂浜はまだら状態になってしまいました。

第3章　陸からたどり着いた岩石片と鉱物

かんらん石

形状：(短柱状〜粒状、輪郭はやや細長い六角形)。風化が進むと角がとれて丸みを帯びる。海岸の砂に含まれているものはコロっとした丸い形をしたものが多い。

色：透明感のある黄緑色、赤褐色がかった黄色など。
　水にぬれたようなうるんだ光沢があり、黒いクロムスピネル（磁石には付かない）の小粒子を含むものが多い。風化物は不透明になり、赤褐色、銀白色、黄白色を帯びた樹脂状光沢がある。

▪ かんらん石が見られる海岸の砂

ハワイ島 Green Sand Beach　　小笠原父島境浦海岸　　鹿児島県指宿市長崎鼻

起源：かんらん岩はかんらん石と輝石（単斜輝石と直方輝石）を主な鉱物としています。地下深くのマントルが火山の働きや断層の活動などによって上昇してくることにより地表で見られるようになります。ただし、砂に含まれるかんらん石は玄武岩質の火山から噴出するものが多いと考えられます。

39

単斜輝石（普通輝石）

形状：短柱状～長柱状（断面は八角形の柱状で両端は丸みを持つ）。風化が進むと両端はギザギザになり、側面がはぎとられたような短い形状になる。
　　　二方向の「へき開」はほぼ直交する。
色：淡緑色から濃緑色で透明感がある。
　　　ただし、大きい結晶は黒色で不透明、鈍いガラス光沢がある。

▪ 単斜輝石が見られる海岸

北海道様似幌満川の河原　　神奈川県平塚市袖ケ浜海岸　　静岡県西伊豆浮島海岸

　　起源：単斜輝石も直方輝石も安山岩、玄武岩、斑れい岩などの火成岩に
　　　　　多く含まれます。単斜輝石は火成岩以外にはほとんど含まれません。

40

直方輝石（シソ輝石）

形状：平板な直方体形で、細長く柱状のものが多い（柱の両端が山型〈塔婆状〉を示す）。「へき開」は不明瞭。

色：小さいものは緑褐色で、大きくなると黒褐色。
半透明〜透明で鈍いガラス光沢がある。

注：直方輝石の同定には「形状」や「色」と併せ「黒い鉄鉱物の小粒子を含む場合が多いこと」「磁石に付く」もポイントになります。

▪ 直方輝石が見られる海岸の砂

北海道白糠　　　　　北海道根室市春国岱　　　小笠原父島境浦海岸

起源：単斜輝石（普通輝石）も直方輝石（シソ輝石）も安山岩、玄武岩、斑れい岩などの火成岩に多く含まれます。

角閃石

形状：山型の柱面を持つ細長い柱状で（横断面はつぶれた六角形）、柱状の両端がカッターナイフの刃先のように尖っていることが多い。二方向の「へき開」の角度は約120度。柱状の表面に平行な筋が見えるものもある。

色：濃緑色から黒色。ほとんど不透明。
「へき開」面が強く光り光沢が強い。

■ 角閃石が見られる海岸の砂

鳥取県倉吉市大栄町の浜

長崎県野母崎町

鳥取県境港中浜港

起源：角閃石の産状はきわめて多様で、各種火成岩、接触変成岩、広域変成岩の主要構成鉱物または副成分鉱物として広く出現します。花崗岩、安山岩などにも含まれます。

黒雲母

形状：六角板状の形態を持つ。板状の面に平行する「へき開」があり、それに沿って薄くはがれやすい。

色：黒色（時にわずかに褐色、緑色を帯びる）、不透明で強い光沢を持ち、光をキラキラと反射させます。風化すると金色や銀色になります。

注：透明な石英や長石の多い砂粒の中でも光の角度を変えるとキラキラと光るために探しやすい。

■ 黒雲母が見られる海岸の砂

愛知県田原市伊良湖　　　静岡県浜松市南区　　　福島県双葉郡岩沢

起源：火山岩である流紋岩、深成岩である花崗岩に多く含まれます。黒雲母はやや高温ででき、火成岩のほか変成岩にも含まれます。

一方、白雲母はやや低温ででき、火成岩に含まれることはまれです。また、古くから親しまれてきた雲母。光をキラキラと反射させることから、古くは「きら」及び「きらら」と称されていました。

ざくろ石

形状：丸みを帯びた形（偏稜二十四面体、十二面体など）。
色：ガラス状の光沢、透明感がある。色は淡いピンクから赤っぽいものが多い。

南極昭和基地

愛媛県関川の河口

石の表面写真

石の表面写真

第3章　陸からたどり着いた岩石片と鉱物

▪ ざくろ石が見られる海岸の砂

◀ 南極昭和基地ラングホブデ

愛媛県関川の河口 ▶

◀ 新潟県佐渡市西三川

起源：主に変成岩に含まれ、花崗岩や流紋岩にも含まれることがあります。

45

鉄鉱物（磁鉄鉱、チタン鉄鉱）

①**磁鉄鉱：Feの酸化物**
　形状：丸みを持ち球形に近いものがある（正八面体）。
　色：黒色不透明、強い金属光沢がある。風化すると光沢が鈍くなる。磁性が強い。
　＊砂鉄と言われているものの多くは磁鉄鉱です。

②**チタン鉄鉱：Fe、Tiの酸化物**
　形状：角がとれ丸みを帯びたものが多い（六角板状ないし卓状）。
　色：黒色で不透明、新鮮な表面では金属光沢があるがやや鈍い。
　磁性はあるが、磁鉄鉱よりは弱い。

▪ 鉄鉱物が見られる海岸の砂

　　　北海道野付半島　　　　青森県西津軽郡鰺ヶ沢　　　神奈川県江ノ島

　起源：火成岩中の副成分鉱物で、安山岩や玄武岩、斑れい岩に含まれているほか変成岩にも含まれています。

第3章　陸からたどり着いた岩石片と鉱物

火山ガラス（バブルウォール型、軽石型）

①バブルウォール型
　形状：電球を割ったような薄く湾曲したもの。1～3本の筋やY字型の筋がついている場合もある。
　色：無色透明から白色透明のものが多い。淡褐色透明のものもある。

②軽石型
　形状：小さい気泡が集合したスポンジ状のものや、一方向に気泡が伸びた繊維状のもの。
　色：白色のものが多いが、淡褐色や褐色のものもある。

▪ 火山ガラスが見られる海岸の砂

　　鹿児島県南さつま市　　　　　富山県魚津市早月川

　起源：マグマ中に含まれていた揮発性成分が地表付近で急激に膨張し、マグマが破片状になったもの。流紋岩で急冷し黒色のガラスになったものは黒曜石として知られています。

47

第4章　海から打ち上げられた生物遺骸

　砂浜に打ち上げられた生物遺骸の多くは波のエネルギーで摩耗・破損していますが、ルーペや実体顕微鏡で判別できるものがないか探してみました。

特定した生物遺骸の特徴（形状と色）

有孔虫

形状	円盤状、円すい状、星形、ボール状など様々。「星の砂」も有孔虫。
色	多くのものは白っぽい。

ウニの棘

形状	ムラサキウニとバフンウニの棘には縦に溝が走る。ブンブクウニは中ほどから先端に向かって細くなる。
色	ムラサキウニは茶系、バフンウニはオリーブ色がかった淡褐色、ブンブクウニは透明なガラス状。

微小貝

形状	丸いもの、平べったいもの、細長いものと様々。
色	光沢のある褐色や白色のものが多い。

フジツボの破片

形状	破片の主壁の多くは壁管からなる。P64、65参照。
色	多くのものが白っぽい。

第4章　海から打ち上げられた生物遺骸

コケムシ

	形状	植物のコケのように見える。個虫がたくさん集まった群体。
	色	多くのものが白っぽい。

サンゴの破片

	形状	枝状・塊状・盤状などさまざまな形状で細かい孔が開いている。
	色	光沢のない白または乳白色。

ウミトサカ骨片

	形状	表面が凸凹した棒状の骨片。
	色	主に白色。

カイメン骨片

	形状	複雑な形状を有するものもある。棒状、針状、三放射状。
	色	白色や透明。

49

有孔虫

　世界中の海に棲息している小さな原生生物。底生有孔虫と浮遊性有孔虫に大別されます。砂浜に打ち上がっている現生の有孔虫はほとんど底生有孔虫です。形状も円盤状、円すい状、星形、ボール状など様々。「星の砂」も有孔虫です。

　有孔虫の多くは石灰質の殻と仮足を持ち"室（チャンバー）"という部屋を付加させて成長します。大きさは普通1mm以下ですが、大きいものでは5cmにもなります。また種類も大変多く、どこにでも棲息しています。環境変化により有孔虫が増えたり減ったりします。仮足（P55参照）の中を顆粒が両方向に流れています。

　有孔虫の殻は丈夫で残りやすく、一部は堆積物として固結し石灰岩となります。エジプトのピラミッドの建材も、「貨幣石」と呼ばれる大型有孔虫を含む石灰岩からできています。また、有孔虫の砂は環礁の形成に貢献しています。

①エルフィディウム、アンフィステジナ

エルフィディウム

アンフィステジナ

第4章　海から打ち上げられた生物遺骸

- エルフィディウムが見られる海岸の砂（左）とアンフィステジナが見られる海岸の砂（右）

　　　青森県西津軽郡千畳敷海岸　　　　　　　　　奄美大島笠利崎

　エルフィディウムは各"室"が明確に見えます。アンフィステジナは表面が滑らかで、少し膨らんで見えます。

- エルフィディウム、アンフィステジナが見られた場所

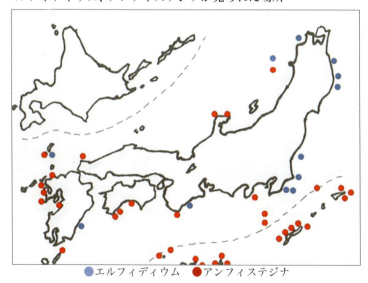

　　　　　　　●エルフィディウム　●アンフィステジナ

　分布は、エルフィディウムは主に東北から房総半島まで、アンフィステジナはほぼ房総半島以南でした。

②星の砂・太陽の砂

　星の砂（バキュロジプシナ）　　　　太陽の砂（カルカリナ）

　星の砂、太陽の砂を砂礫と水の入った瓶に入れ撹拌しました。その結果、星の砂、太陽の砂は他の生物遺骸と比べ棘の部分が大変早く摩耗し破損しました。

撹拌→

第4章　海から打ち上げられた生物遺骸

▪ 星の砂と太陽の砂が見られる海岸の砂

沖縄県八重山郡鳩間島

沖縄県八重山郡鳩間島

▪ 星の砂・太陽の砂が見られた場所

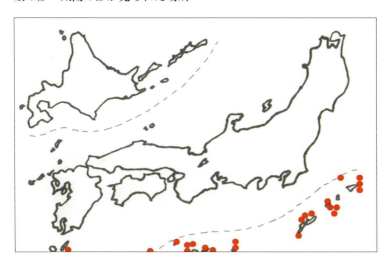

分布は、ほぼ南西諸島でした。

③ゼニイシ

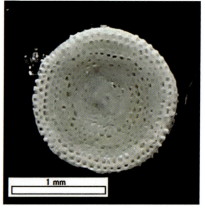

ゼニイシ　　　　　　　　　　ゼニイシの破片

- ゼニイシが見られた場所

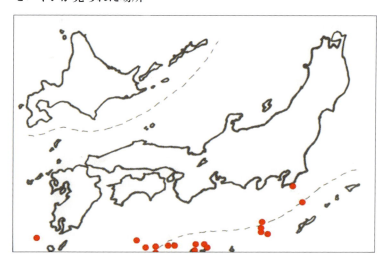

ゼニイシとその破片は、ほぼ南西諸島でした。

第4章　海から打ち上げられた生物遺骸

- ゼニイシの網状仮足の観察（琉球大学藤田研究室訪問時の飼育個体）

潮だまりから採集したゼニイシ

観察用容器に移動

網状の仮足の拡大

仮足の中を黒い顆粒が移動

- ゼニイシとゼニイシの破片（穴は湾曲している）を含む海岸の砂

鹿児島県沖永良部島国頭岬

沖縄県宮古島市伊良部島渡口の浜

その他、個体数が少ないが砂の中に観察された有孔虫

クインケロキュリナ

スピロロキュリナ

- クインケロキュリナを含む海岸の砂とスピロロキュリナを含む海岸の砂

千葉県勝浦市守谷洞窟前

千葉県勝浦市守谷洞窟前

- テクスチュラリアを含む海岸の砂とホモトレマを含む海岸の砂

鹿児島県奄美土盛海岸

鹿児島県種子島国上蒲田海水浴場

第4章 海から打ち上げられた生物遺骸

ウニの棘

　食用になるムラサキウニ、キタムラサキウニ、バフンウニ、エゾバフンウニや棘に毒を持つガンガゼは一般にも知られています。しかし、砂や泥の中を動き回るブンブクウニや沖縄県で食用にしているシラヒゲウニに関しては馴染みがなく、外部から購入して観察してみました。

　砂浜でウニの棘の破片は容易に見つけることができますが、正確にウニの名前まで同定することは難しいと思います。なお、日本近海には140種類のウニがいるといわれています。
　また、ガンガゼの棘は中空で脆く折れやすく、破片は透明になるため見つけることは困難です。ブンブクウニの棘も中空で脆く透明なため探しづらいです。

①キタムラサキウニの棘
　縦に溝が走り棘の色は茶系のものが多く、棘の付け根から先端に向かって細くなっています。

ムラサキウニの棘

57

②バフンウニの棘

　縦に溝が走り、棘の色はオリーブ色がかった淡褐色のものが多く、棘の付け根から先端に向かって細くなっていきます。

バフンウニの棘

③ガンガゼの棘

　棘は本体に比べて著しく長く、棘の表面は先端に向かって無数の細かい突起でおおわれ、先端は針のように鋭く尖っています。棘は中空で折れやすく、刺されると先端部が皮膚の中に残ってしまうことがあります。棘には有毒な成分があり刺された部分は激しく痛みます。

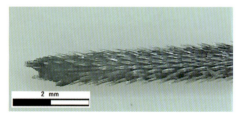

ガンガゼの棘の先端を拡大したもの

第4章　海から打ち上げられた生物遺骸

④ヒラタブンブクの棘

　付け根から先端近くまで同じ太さを保ち綺麗な透明ガラスのように見えます。棘は空洞で簡単に折れてしまい脆いです。砂や泥の中を細く短い棘を前後に動かして移動します。

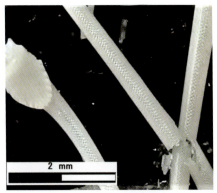

ヒラタブンブクの棘

⑤シラヒゲウニの棘

　シラヒゲウニは、棘に貝やサンゴ砂等を付着させてカモフラージュする個性的なウニです。白やオレンジ色をした長さ1cmほどの短い棘でおおわれています。沖縄県などでは食用にもなっています。棘には縦の溝が走ります。

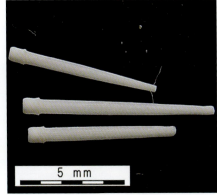

シラヒゲウニの棘

- ウニの棘が見られた場所

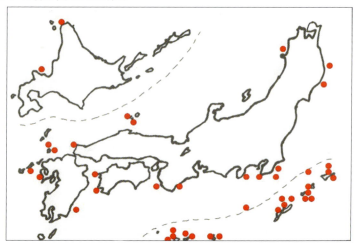

- 棲息域

キタムラサキウニ：北海道から相模湾
ムラサキウニ：茨城県以南
エゾバフンウニ：福島県以北
バフンウニ：本州北部以南
ガンガゼ：房総半島以南
ヒラタブンブク、シラヒゲウニ：房総半島以南
ただし、海水温の上昇により変化していることも考えられます。

- ウニの棘が見られる海岸の砂

キタムラサキウニのよう
青森県千畳敷海岸

エゾバフンウニのよう
北海道小樽市おたる水族館前

ブンブクウニのよう
長崎県新上五島町蛤浜海水浴場

60

第4章　海から打ち上げられた生物遺骸

▪ 沖縄県でウニの棘が見られた海岸の砂

沖縄県八重山郡西表島温泉前

沖縄県西表島船浮イダの浜

沖縄県与那国島比川浜

▪ ウニの棘の断面

キタムラサキウニ

バフンウニ

ガンガゼ

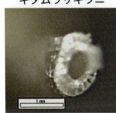
ヒラタブンブク

シラヒゲウニ

ガンガゼとヒラタブンブクの棘は空洞。

次の写真のような棘以外の破片も、砂の中で見つかります。

殻の破片（いぼ）

二又骨

棘の破片

61

微小貝

 2mm以下の微小貝（特に巻貝）は砂の中で数多く見られます。

 貝の種類は大変多く、すり減ったものや割れたものも多いです。さらに、研究が進んでいないため名前が付いていない種類も多く、貝の図鑑を見ても似ているものが大変多いです。そして、親（成貝）と子供（幼貝）では形が変わるものもあり、幼殻の可能性も高いです。また、同じ種類でも色が異なるものもあり、地域ごとに多い種類と少ない種類があります。先ずは特徴的な形状の貝を見つけ、取り出してみましょう。

▪ 海岸の砂から取り出した微小貝

青森県千畳敷海岸

千葉県勝浦市守谷洞窟前

茨城県平磯海岸

熊本市天草市大浦島原湾

第4章　海から打ち上げられた生物遺骸

▪ 微小貝が見られた場所

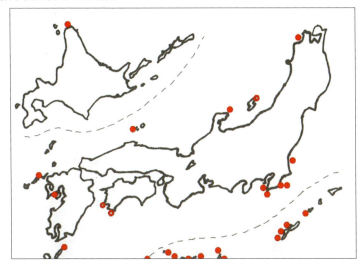

微小貝は全ての海域の砂浜で見つかりました。

☞ 巻貝は右巻き、それとも左巻き？
【右巻き】
　殻の尖った方（殻頂）を上にして太い方（殻口）を下に置くと、尖っている方（殻頂）から太い方（殻口）へと右に巻いています。そして右側に殻口がきます。9割以上の巻貝は右巻きです。南半球の巻貝も同じです。

右の写真：トウガタガイ科（千葉県勝浦市鵜原海岸）
下の写真：左からチャツボ科（茨城県平磯海岸）、リソツボ科（沖縄県石垣島白保）、オオサラサバイ幼貝（オーストラリア、購入標本）、ミツクチキリオレ科（千葉県勝浦市守谷洞窟前）と思われます。一番右側の巻貝は左巻きです。

フジツボの破片

　海岸で岩場を見ると無数のフジツボが岩に付いています。引き潮の時は帯状になって見えます。またサザエなどの巻貝にも付いていることがあります。

　フジツボを分解して見てみると、大きな周殻に段ボールのような壁管があり、少ない材料（石灰質）で強度を持たせることができています。

　砂の中には壁管を持つフジツボの破片が多く見られます。フジツボは世界中の海の潮間帯から深海にかけ棲息しています。

▪ サザエの殻に付着しているフジツボと分解した周殻の拡大写真

▪ 壁管を持つフジツボの破片が見られる海岸の砂

宮崎県日南市富士海水浴場　　和歌山県串本町橋杭岩　　千葉県富津市富津岬

第4章　海から打ち上げられた生物遺骸

▪ 壁管を持つフジツボの殻が見られた場所

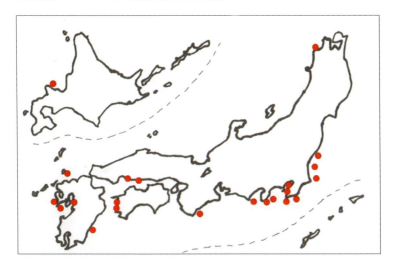

壁管を持つフジツボの殻は沖縄を除く日本沿岸域で見ることができました。

```
┌─────────────────────────────────────────┐
│   ミニ情報                                │
│                                          │
│  フジツボはエビやカニと同じ甲殻類です。      │
│  国内でも食用（写真）として入手できます。    │
│  世界最大のフジツボはチリ、ペルー南部に     │
│  棲息するピコロコで10cmを超えます。葛西    │
│  臨海水族園の「チリ沿岸」水槽で展示され    │
│  ています。水槽の中で「蔓脚」を使って餌    │
│  を捕っているピコロコを観察することがで    │
│  きます。                                 │
│                                          │
│            （ウィキペディア「大型食用フジツボ」）│
└─────────────────────────────────────────┘
```

65

コケムシ

コケムシは体長1mmにも満たない個体が多数集まってサンゴに似た群体を作ります。

貝殻などに付着した群体が植物のコケのように見えることからこの名前が付いたようです。

種類も大変多く、サンゴ片との見分けは難しいですが、採集地が判断の手がかりになるかもしれません。

右の写真は海岸に落ちていた石に付いていたコケムシです。

これらの破片は砂の中に見ることができます。

▪ サザエの殻に付いていたコケムシと拡大写真

▪ コケムシが見られる海岸の砂

青森県千畳敷海岸　　　　　広島県因島　　　　　千葉県勝浦市鵜原海岸

第4章　海から打ち上げられた生物遺骸

サンゴの破片

　サンゴの種類は非常に多く、家庭で飼育できるサンゴでも100種以上います。造礁サンゴは水温が18度から30度くらいまでの温かい海に棲息しています。地理的には熱帯から亜熱帯の海岸に多く分布します。造礁サンゴは石灰質の骨格を作り、体内に小さな褐虫藻（共生藻）を持ちます。温帯ではサンゴ（生き物）はサンゴ礁（地形）を作らなくなり、北に行くほどサンゴは減少します。太平洋岸では黒潮の流れで館山湾まで、日本海側では金沢周辺まで分布しています。

　南北に長い日本では海水温の上昇によって、南ではサンゴの白化、北でサンゴの北上が観察されます。また、サンゴを捕食する生物として、オニヒトデやサンゴ食巻貝等がいます。

　サンゴの破片は枝状・塊状・盤状などさまざまな形状の骨格が崩れ細粒化したものです。光沢のない白または乳白色のものが多く、細かい孔が開いています。しかし、砂（2mm以下）の大きさでの特定は難しいと思われます。

海岸に打ち上げられたサンゴの破片

表面の拡大写真

▪ サンゴの破片と思われる海岸の砂

高知県室戸岬町月見ヶ浜

沖縄県宮古島市池間島

ハワイ島ヒロ

ウミトサカの骨片

　ウミトサカは、体が柔らかく「ソフトコーラル」と呼ばれるサンゴです。からだに石灰質の骨格がなく、8本の触手を持った多くのポリプが集まって高さ10〜50cmくらいの群体をつくり、共肉とポリプに石灰質の小さな骨片が並んでいます。分布はサンゴの棲息域と類似しています。紅色や黄色で色彩の美しいものが多く観賞用にも飼育されています。この骨片を砂浜の砂の中で見ることができます。

ビロードトゲトサカ

ポリプ周りの棘と骨片

▪ ウミトサカの骨片が見られた場所

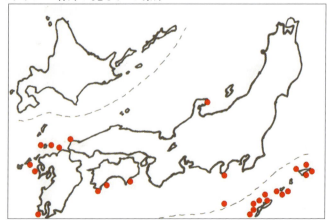

ウミトサカの骨片は亜熱帯地域で見られ、サンゴの棲息域と類似していました。

第4章　海から打ち上げられた生物遺骸

- ウミトサカの骨片の見える海岸の砂

沖縄県宮古島市伊良部島渡口の浜

高知県土佐清水市桜浜海岸

沖縄県古宇利島

鹿児島県枕崎市台場公園

カイメンの骨片

　カイメンは古くから天然のスポンジとして化粧用や沐浴用として用いられています。多細胞生物で最も原始的であると言われ世界中のあらゆる海に生息しています。種類も大変多いです。砂浜に打ち上げられたカイメンや水槽に付着したカイメンをキッチンハイターで処理すると多くの骨片が出てきました。それらを希塩酸処理や偏光顕微鏡で調べてみたところ、普通海綿でも石灰質以外にガラス質の骨片もあることが分かりました。

　カイメンの骨片の種類も大変多いと言われていますが、ここでは透明な骨片に絞ってみました。それらの骨片は両端が尖った棒状のもの、針状のもの、正規三輻体（三放射）のもの、矢状四輻体のものを見ることができました。

　ただし、深海の砂地などに棲息しているガラス海綿はガラス質の骨片を持っています。

イソカイメン　千葉県南房総市千倉瀬戸浜海岸で採集

両端が尖った棒状のもの、針状のもの、四放射の骨片が見られた

ケツボカイメン　海の博物館（千葉県勝浦市）の水槽に付着していた

両端が尖った棒状のもの、三放射の骨片が見られた

第4章　海から打ち上げられた生物遺骸

▪ カイメンの骨片が見える海岸の砂

千葉県勝浦市興津海岸　　　千葉県南房総市千倉海岸　　　和歌山県串本町橋杭岩

残念ながら上述のカイメンの骨片は透明のため砂からは探しづらい。

ガラス海綿

深海の砂地などに生息しているガラス海綿はガラス質の骨片を持っています。六放射星状の無数の骨片が見られます。

二酸化ケイ素（ガラス質）の骨格や殻を持つガラス海綿や放散虫（P28参照）などは堆積してチャート（P27参照）という岩石になります。

キヌアミカイメン

キヌアミカイメン拡大写真

カイロウドウケツ拡大写真

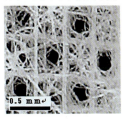

カイロウドウケツ

（両者とも購入標本）

71

地域別生物遺骸分布

多くの生物遺骸は波のエネルギーで摩耗や破損していますが、DVD の写真から識別できる７グループに絞り分布を調べました。

A：エルフィディウム（e）＋アンフィステジナ（a）　B：星の砂＋太陽の砂
C：ゼニイシ　D：ムラサキウニ＋バフンウニ　E：ウミトサカ類
F：微小貝　G：フジツボ類

地域は１：北海道〜９：沖縄の９地区に分けました。
地域名のあとの（ ）は地域内の採集砂の総数、〔 〕は地区内の生物遺骸を含む割合を示します。

北海道（42）〔5 ％〕

	A (e)	(a)	B	C	D	E	F	G
1-33					○			○
1-41					○		○	

東北（32）〔16％〕

	A (e)	(a)	B	C	D	E	F	G
2-4	○				○		○	○
2-15	○							○
2-21	○				○			
2-24	○				○			
2-28	○							

関東（81）〔17％〕

	A (e)	(a)	B	C	D	E	F	G
3-1								○
3-2	○							○
3-5				○				○
3-34								○
3-43	○							
3-45	○				○			○
3-46	○							○
3-47	○							
3-50				○				
3-51							○	○
3-53						○	○	○
3-58								○
3-61								○
3-80		○			○	○		

中部（42）〔12％〕

	A (e)	(a)	B	C	D	E	F	G
4-5						○		
4-12	○					○		
4-14	○							
4-26	○				○			
4-32								○

近畿（28）〔11％〕

	A (e)	(a)	B	C	D	E	F	G
5-14					○			
5-20					○	○		
5-21					○			

中国（42）〔12％〕

	A (e)	(a)	B	C	D	E	F	G
6-10					○		○	
6-11					○			
6-13						○		
6-18								○
6-19								○

四国（35）〔23％〕

	A (e)	(a)	B	C	D	E	F	G
7-5						○		
7-17						○	○	
7-18							○	
7-19					○			○
7-20								○
7-22								○
7-30					○			
7-31						○		

第4章 海から打ち上げられた生物遺骸

九州 (50) [46%]

	A(e)	(a)	B	C	D	E	F	G
8-3		○						
8-6		○			○	○		○
8-7	○				○	○		
8-8		○					○	
8-12					○			
8-14								○
8-18		○			○	○		
8-19		○						
8-22		○						
8-23								○
8-24							○	○
8-29						○		
8-34	○				○			○
8-37				○			○	
8-39			○					
8-43		○						
8-44		○						
8-45		○						
8-46		○						
8-47		○	○					
8-48		○						
8-49		○						
8-50		○			○	○	○	

沖縄 (29) [79%]

	A(e)	(a)	B	C	D	E	F	G
9-1		○				○	○	
9-2		○	○		○	○		
9-3		○						
9-4		○					○	
9-5		○						
9-6		○				○		
9-8					○			
9-10		○						
9-11		○						
9-12		○						
9-13		○						
9-14					○		○	
9-16		○						
9-17		○				○		
9-18		○						
9-19		○						
9-20		○						
9-21		○						
9-22		○						
9-23		○				○		
9-25		○					○	
9-26		○						
9-29		○				○		

ミニ情報

カニ どこにいるかな？
海岸の水際で石を裏返すとヒライソガニが元気に出てきます（石はまたもと通りにしてくださいね、様々な生き物が石の裏側についていますので）。
そのカニを透明な容器に入れ砂の上に置いてみて下さい。カニが砂の色と似ているため分かりにくいです。鳥から襲われずに済みますね。

（千葉県勝浦市鵜原海岸にて）

国内採集358ヶ所の内89ヶ所の砂に生物遺骸が含まれていました（25%）。そのうち、沖縄が8割近くと圧倒的に多いです。

有孔虫
沖縄地区は有孔虫が半数以上。

また、エルフィディウムは東北から房総半島まで、アンフィステジナは房総半島以南がほとんどでした。

星の砂＋太陽の砂、ゼニイシは九州南部から沖縄で見られました。

ウニの棘、微小貝
日本沿岸域の全ての採集砂の中で見ることができました。

ウミトサカ
亜熱帯地域で見られ、サンゴの棲息域と類似していました。

壁管を持つフジツボ類
沖縄を除く日本沿岸域で見ることができました。

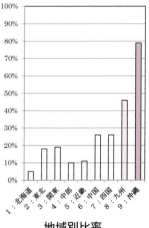

地域別比率

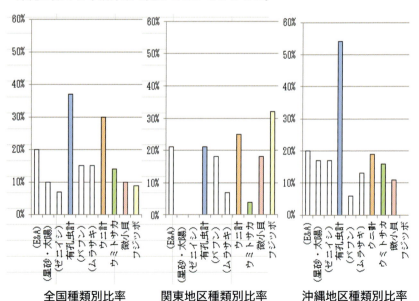

全国種類別比率　　関東地区種類別比率　　沖縄地区種類別比率

第4章 海から打ち上げられた生物遺骸

☞ **観察から分かったこと**
　ウニの棘の内、ブンブクウニとガンガゼの棘は中空で脆く、ガンガゼの棘は小片になると透明になるため探すのが困難でした。

　瓶に砂礫・水・棘を入れ撹拌してみました。ムラサキウニの棘は折れたままで、ガンガゼの棘は透明な小片になりました。

☞ **特に生物遺骸がよく見られる場所**
▪ 潮だまりや波蝕台の近くの砂浜

沖縄県石垣島白保　　　千葉県勝浦市守谷洞窟前　　鹿児島県奄美大島笠利崎

▪ 奥行きのある入江の砂浜

長崎県壱岐島里浜海水浴場　青森県千畳敷海岸　　和歌山県串本町橋杭岩

第5章　色と磁石による簡単な砂の見分け方

台紙上の砂粒子の色による見分け方

　採集した砂を白黒台紙にのせます。下地がよく見えるもの、全体に黒いもの、白いもの、赤いものなどがあります。左側は台紙に砂をのせたもの、右側が拡大写真です。

台紙にのせた砂　　　台紙の砂を拡大したもの

白黒の差がはっきり見える。透明な鉱物「石英」「長石」
（採集場所：ブラジル　フロリアノポリス）

白黒の差がないもの。黒っぽい不透明な岩片や有色鉱物「玄武岩片」「鉄鉱物」「角閃石」
（採集場所：北海道野付半島）

全体に白っぽく見える。
サンゴの破片などの「生物遺骸」
（採集場所：沖縄県石垣市石垣島川平湾）

赤っぽく見えるもの。砂漠の砂など表面に「酸化鉄が付着した石英」
（採集場所：アルジェリア　サハラ砂漠）

第5章　色と磁石による簡単な砂の見分け方

磁石による砂粒子の見分け方

フェライト磁石を用いること。

○ 下の表の通り黒っぽい鉄鉱物（磁鉄鉱、チタン鉄鉱）と玄武岩片（石基に黒色の磁鉄鉱の微粒子を多く含む）は磁石に付く。

○ 角閃石や泥岩（頁岩）片は黒っぽく見えるが磁石に付かない。

> ○：全て磁石に付いたもの
> ×：全て磁石に付かないもの
> △：一部が磁石に付いたもの

鉱物	フェライト	ネオジウム
石英	×	×
斜長石	×	×
アルカリ長石	×	×
単斜輝石	×	△
直方輝石	△	○
角閃石	△	○
黒雲母	×	△
ざくろ石	△	△
かんらん石	△	○
磁鉄鉱	○	○
チタン鉄鉱	○	○
火山ガラス	×	×

岩石片	フェライト	ネオジウム
玄武岩	○	○
花崗岩	×	×
砂岩	×	△
泥岩（頁岩）	×	×
チャート	×	△
結晶片岩類	×	△
緑色凝灰岩	×	×

その他	フェライト	ネオジウム
生物遺骸	×	×

　一般に透明な砂や白い砂は「磁石に付かない」が、黒っぽい砂は「磁石に付く」と言われています。フェライト磁石とフェライト以上の磁力を持つネオジウム磁石の二種類で砂粒の付き具合を調べました。結果、磁力の強いネオジウム磁石では黒っぽい鉱物以外にも不純物を含むものが磁石に付き砂粒の見分けには不向きでした。

　なお、磁石を直接砂粒に付けると、付いた砂粒を後で取るのに苦労します。
　小さなプラスチックの袋に磁石を入れるか、ラップフィルムで磁石を包むことをおすすめします。

第6章　世界の砂コレクション

　付属の DVD には国内外で採集した600ヶ所以上の高精度砂写真が含まれています。それらの砂粒を拡大して見ると驚くほど綺麗な世界を見出せます。

　国内：北海道、東北、関東・伊豆諸島・小笠原、中部、近畿、中国、四国、九州、沖縄地区に分けました。
　海外：アジア大陸、オセアニア、ヨーロッパ、アフリカ大陸、北アメリカ・ハワイ、南アメリカ・南極に分けました。

　各地区の地図に採集場所を示し、その地名を載せました。
　各地区で数ヶ所の採集場所に絞り、砂の拡大写真を載せコメントを付け加えました。
　その他の採集場所の砂は DVD をご確認下さい。

DVDの使用法

1）パソコンに DVD をセットして下さい。
2）調べたい「採集場所」を開きます。
3）Microsoft Word で作成されている「採集場所」を開くと、その地区の「地図」と「採集場所名」が表示されます。
4）調べたい場所の番号を覚えておきます。
5）次に「採集砂写真」のファイルを開きます。ただし、「表示」は「大アイコン」とします。調べたい番号の写真上をダブルクリックしてください。拡大された写真を見ることができます。
　更にパソコンの機能を活用し、拡大して見ることができます。
　ただし、全体として30倍近くになりますと解像度が落ちます。

　なお、砂台紙はすべての砂粒を比較しやすくするために白と黒に二分したものを採用しました。
　採集場所の後の（--------）数字はその砂の採集年月です。
　次の「　」番号は著者の採集砂整理番号です。
　採集された砂が同一場所でも採集時期と採集者が異なるものは枝番号を付けました。

第6章　世界の砂コレクション

国　内

（日本地図は産業技術総合研究所地質調査総合センター須藤定久先生より提供を受けたものです）

北海道

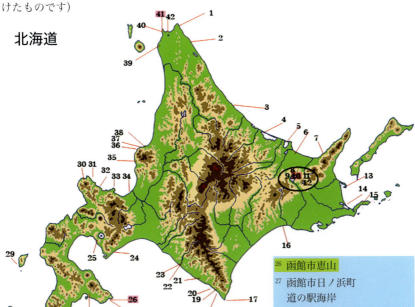

1	稚内市豊岩宗谷岬 （東海岸9km）	13	野付郡別海町野付半島	26	函館市恵山
2	枝幸郡浜頓別町 ベニヤ原生花園海浜	14	根室市春国岱	27	函館市日ノ浜町 道の駅海岸
3	紋別郡興部町沙留海水浴場	15	野付郡野付半島 （根室海峡）	28	函館市湯ノ川温泉
4	サロマ湖	16	白糠郡白糠	29	奥尻島西海岸
5	網走海岸	17	幌泉郡襟裳岬	30	積丹町島武意海岸 （積丹半島先端）
6	斜里郡小清水	18	様似郡幌満川の河原	31	古平郡古平（積丹半島）
7	斜里郡斜里町ウトロ湾	19	様似郡様似町海岸	32	余市郡余市（積丹半島）
8	川上郡弟子屈町屈斜路湖	20	浦河郡浦河海岸	33	小樽市（おたる水族館）
9	川上郡弟子屈町屈斜路湖砂湯	21	日高郡新ひだか町	34	石狩川河口（東大付近）
10	川上郡弟子屈町硫黄山	22	勇払郡鵡川海岸	35	石狩市川下海浜浴場
11	斜里郡清里町神の子池	23	勇払郡鵡川春日橋	36	増毛郡増毛
12	川上郡弟子屈町摩周湖畔	24	苫小牧市白老海岸	37	留萌市浜中町
		25	伊達市有珠海岸	38	留萌郡小平町白谷海水浴場
				39	天塩郡稚咲内海岸
				40	稚内市坂の下海水浴場
				41	稚内市ノシャップ寒流水族館
				42	稚内市増幌宗谷湾

79

10-2：北海道川上郡弟子屈町硫黄山

摩周湖と屈斜路湖の間にある山。第四紀火山で活火山に指定されています。

硫黄の噴煙を目前で見ることができ、火口近くまで近づけますが、硫黄の匂いがきついです。熱変成した流紋岩片の中に綺麗な硫黄の粒が見られます。

26：北海道函館市恵山

太平洋に突き出た渡島半島の南東端にある標高618ｍの恵山は今も噴気を上げています。砂浜は黒く、光沢のある真黒な砂は磁鉄鉱で、濃緑色の直方輝石や角閃石も見られます。

41：北海道稚内市寒流水族館

安山岩系の軽石に混じりキタムラサキウニの棘と貝殻片が見えます。

日本で100番目にあたる水族館で"幻の魚"イトウの泳ぐ姿を見ることができます（写真：Wikipedia）。

第 6 章　世界の砂コレクション

東北

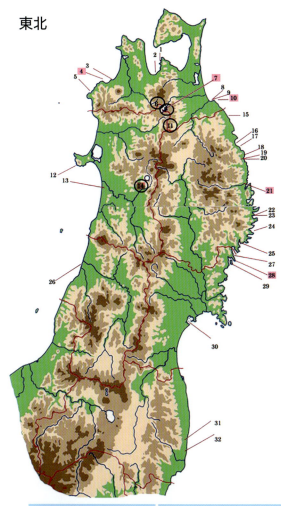

青森県
1. 浅虫温泉
2. 青森市合浦公園海水浴場
3. 西津軽郡鰺ヶ沢海岸
4. 西津軽郡千畳敷海岸
5. 西津軽郡深浦町
6. 奥入瀬渓流石ケ戸
7. 十和田湖畔
8. 八戸市大須賀海岸
9. 八戸市陸奥白浜
10. 八戸市種差海岸
11. 十和田湖西湖

秋田県
12. 男鹿市船川ゴジラ岩
13. 由利本庄市岩城
14. 仙北市田沢湖

岩手県
15. 洋野町種市
16. 野田村十府ヶ浦
17. 下閉伊郡普代浜
18. 田野畑村平井賀海水浴場
19. 下閉伊郡島越海水浴場
20. 田野畑村真木沢海岸
21. 宮古市浄土ヶ浜
22. 上閉伊郡浪板海岸
23. 閉伊郡吉里吉里海水浴場
24. 大船渡市吉浜海岸
25. 大船渡市碁石海岸

山形県
26. 湯野浜海水浴場

宮城県
27. 気仙沼市大理石海岸
28. 気仙沼市お伊勢浜
29. 気仙沼市小泉海水浴場
30. 松島湾の岩場

福島県
31. 双葉郡岩沢海水浴場
32. いわき市四倉海水浴場

81

4-2：青森県西津軽郡千畳敷海岸

寛政4（1792）年の大地震で、荒波に侵食された海底が現れてできました。生物遺骸（ウニの棘、有孔虫、貝殻片など）に混じり緑色凝灰岩片を見ることができます。

7：青森県十和田湖畔

日本を代表するカルデラ湖。砂は周囲の火山に由来します。石英、斜長石、直方輝石、スコリアや火山灰の粒子が見られます。

10-1：青森県八戸市種差海岸

海底火山の噴火によって玄武岩質の溶岩が枕状になり、その後海底が隆起しました。玄武岩片、石英が見られます。写真：三陸ジオパーク

14-2：秋田県仙北市田沢湖畔

太古に火山の噴火でできた日本で最も深い「カルデラ湖」。大粒のキラキラ光る綺麗な石英の砂は周辺の火山岩に由来します。また斜長石も見られます。

21-2：岩手県宮古市浄土ヶ浜

火山活動でできた白い流紋岩で構成されています。また波の影響で石がぶつかり合い丸くなっています。流紋岩片、ウニの棘、貝殻片が見られます。

28-1：宮城県気仙沼市お伊勢浜

貝殻片、玄武岩片、石英に混じり黒色の小さな泥岩片や砂岩片も見えます。写真中央の有孔虫はエルフィディウムで、東北地方でも見られました。

関東・伊豆諸島・小笠原諸島

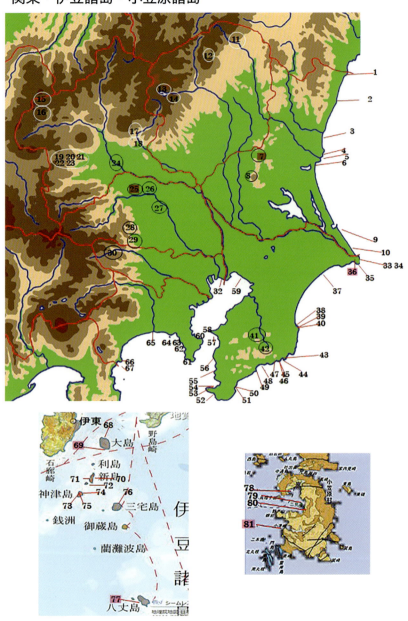

84

第6章　世界の砂コレクション

茨城県
1　北茨城市五浦海岸六角堂
2　日立市伊師浜海水浴場
3　日立市河原子海水浴場
4　ひたちなか市海浜公園前の砂丘
5　ひたちなか市平磯海岸
6　東茨城郡大洗海岸
7　桜川市岩瀬町
8　つくば市筑波山男女川水源
9　鹿嶋市鹿島港
10　神栖市波崎海水浴場

栃木県
11　那須郡那須岳
12　那須塩原市塩原温泉郷
13　日光市奥日光丸沼湖畔
14　日光市湯ノ湖

群馬県
15　吾妻郡中之条町野反湖
16　吾妻郡中之条町入山尻焼温泉
17　渋川市赤城町敷島
18　高崎市烏川
19　甘楽郡下仁田町鮎川
20　甘楽郡下仁田町馬居沢
21　甘楽郡下仁田町中小坂
22　甘楽郡下仁田町自然史館
23　甘楽郡下仁田町鏑川
24　多野郡神流川

埼玉県
25　秩父郡長瀞岩畳

26　大里郡寄居町荒川河川敷
27　東松山市葛袋（神戸層）
28　日高市日和田山
29　日高市巾着田

東京都
30　青梅市玉堂美術館前
32　江戸川区葛西臨海公園

千葉県
33　銚子市犬吠埼
34　銚子市君ヶ浜
35　銚子市長崎海水浴場
36　銚子市屏風ケ浦
37　山武市九十九里浜蓮沼海岸
38　長生郡一宮海岸
39　長生郡一宮町東浪見海岸
40　いすみ市太東崎
41　君津市久留里大谷
42　市原市田淵
43　夷隅郡御宿海岸
44　勝浦市三日月ホテル前
45　勝浦市鵜原海岸
46　勝浦市守谷洞窟
47　勝浦市興津海岸
48　鴨川市八岡海岸
49　鴨川市太海海水浴場
50　南房総市千倉海岸
51　南房総市千倉屏風岩
52　館山市平砂浦海岸
53　館山市沖ノ島
54　館山市北条海岸
55　南房総市岩井海岸

56　安房郡鋸南町保田海岸
57　富津市上総湊
58　富津市富津岬
59　千葉市美浜区稲毛海岸

神奈川県
60　横須賀市観音崎
61　三浦市三浦半島油壷
62　三浦郡葉山一色海岸
63　逗子市逗子海岸
64　藤沢市片瀬江ノ島
65　平塚市袖ケ浜海岸
66　足柄下郡箱根湯本早川
67　足柄下郡真鶴岬番場浦海岸

伊豆諸島
68　大島日の出浜
69　大島砂の浜
70　新島東羽伏浦海岸
71　新島西側若郷
72　式根島石白川海水浴場
73　神津島前浜
74　神津島山の中腹
75　神津島多幸湾
76　三宅島大久保浜
77　八丈島横間海岸

小笠原諸島
78　父島大村海岸
79　父島境浦海岸
80　父島小港海岸
81　父島コペペ海岸

85

7：茨城県桜川市岩瀬町

稲田石は約6000万年前に地下深くのマグマが固まってできた花崗岩。その際立った白さから別名「白い貴婦人」とも呼ばれています。霞ヶ浦に注ぐ桜川の雲母の起源です。砂は石英、斜長石、黒雲母。

25-1：埼玉県秩父郡長瀞

長瀞の石畳は、結晶片岩の平行な片理と、地上に現れて圧力から解放されてできた節理をもとに荒川の侵食によって形づくられました。砂は結晶片岩片、砂岩片、頁岩片、石英。

36：千葉県銚子市屏風ケ浦

屏風ケ浦は約10kmにわたる高さ約30～60mの雄大な崖。海で堆積した地層とその上の関東ローム層からなっています。砂は石英、直方輝石、玄武岩片。

第6章　世界の砂コレクション

69：伊豆大島砂の浜

玄武岩質の火山噴出物が海岸まで運ばれ堆積した島内で最も長い砂浜です。崖には大噴火の際に飛んできた大きな噴石を見ることができます。砂はスコリア、玄武岩片。

77：伊豆八丈島横間海岸

大きなスコリアが数多く岸辺に打ち上げられていました。砂はスコリア（黒い玄武岩質軽石）、玄武岩片など。

81：小笠原父島コペペ海岸

プレートの沈み込みが引き起こす海底火山活動により父島列島と聟島列島が誕生しました。砂は有孔虫、サンゴの破片が多く、玄武岩片、かんらん石、輝石など。

87

中部

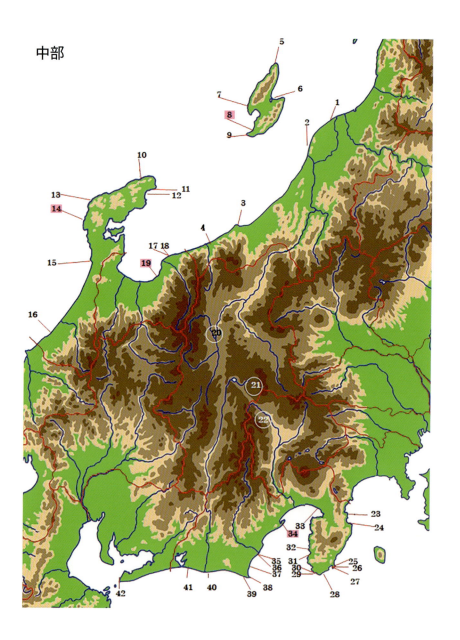

第6章　世界の砂コレクション

新潟県
1. 新潟市小針浜海水浴場
2. 新潟市越前浜海水浴場
3. 上越市なおえつ海水浴場
4. 糸魚川市能生海水浴場
5. 佐渡市二ツ亀海岸
6. 佐渡市両津港羽黒神社海岸
7. 佐渡市達者海岸
8. 佐渡市西三川
9. 佐渡市宿根木

石川県
10. 珠洲市垂水の滝
11. 珠洲市鉢ヶ崎海岸
12. 珠洲市見付海岸
13. 輪島市門前町鹿磯海岸
14. 輪島市琴ヶ浜
15. 羽咋市千里浜海水浴場
16. 加賀市田尻町橋立海水浴場

富山県
17. 下新川郡朝日町宮崎海岸
18. 下新川郡朝日町ヒスイ海岸公園前
19. 魚津市早月川河口

長野県
20. 安曇野市明科犀川
21. 茅野市北山蓼科湖畔

山梨県
22. 北杜市尾白川

静岡県
23. 熱海市初島
24. 伊東市伊東オレンジビーチ
25. 下田市柿崎海岸
26. 下田市白浜海岸
27. 下田市田牛海水浴場
28. 賀茂郡南伊豆弓ヶ浜
29. 賀茂郡松崎町雲見海岸
30. 賀茂郡松崎海水浴場
31. 賀茂郡西伊豆町浮島海岸
32. 賀茂郡西伊豆町黄金崎
33. 沼津市千本浜
34. 静岡市清水区三保松原
35. 牧之原市静波海水浴場
36. 榛原郡吉田町吉田漁港
37. 榛原郡吉田町釘ヶ浦
38. 御前崎市御前崎灯台下
39. 御前崎市浜岡砂丘
40. 磐田市豊浜福田漁港
41. 浜松市南区中田島海岸

愛知県
42. 田原市伊良湖恋路ヶ浜

8：新潟県佐渡市西三川

ゴールドパークでの砂金とり体験。
　佐渡島は北部の二ツ亀は砂岩片、生物遺骸。中央部の達者海岸は流紋岩片、石英。南部の西三川では石英、斜長石、砂岩片、砂金が見られます。

14：石川県輪島市琴ヶ浜（鳴き砂）

上流に花崗岩が分布しています。上流から運ばれた砂は石英、斜長石がほとんどですが、褐色珪質岩片、ざくろ石も見られます。また海岸を歩くと「キュッキュッ」と音がします。

19：富山県魚津市早月川河口

日本屈指の急流河川で早月川扇状地を形成しています。遠くに北アルプスの山々を眺めることができました。足元は雪におおわれていました。砂は石英、斜長石が主です。

34-2：静岡県静岡市清水区三保松原

駿河湾から突き出た海岸線に松が並ぶ景勝地。河口からと海食崖から削り取られた砂礫からなります。砂は砂岩片、泥岩片、頁岩片、石英。

第6章 世界の砂コレクション

近畿

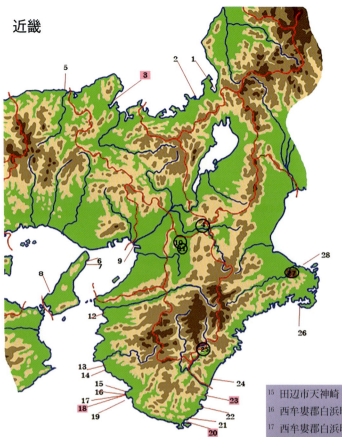

福井県
1. 敦賀市気比の松原
2. 三方郡若狭美浜海岸

京都府
3. 宮津市天橋立阿蘇海
4. 相楽郡笠置町笠置川

兵庫県
5. 豊岡市竹野海岸庵蛇浜
6. 淡路市浦県民サンビーチ
7. 淡路市仮屋ひがしうら
   グリーンビーチ
8. 南あわじ市淡路島慶野松原

大阪府
9. 淀川区淀川大阪
   ショッピングモール

奈良県
10. 香芝市二上山ドンズルボー
11. 橿原市橿原神宮清め砂

和歌山県
12. 和歌山市和歌の浦海岸
13. 御坊市日高川河口
14. 日高郡みなべ町
15. 田辺市天神崎
16. 西牟婁郡白浜町白良浜
17. 西牟婁郡白浜町三段壁
18. 西牟婁郡南紀白浜千畳敷
19. 西牟婁郡南紀白浜
20. 東牟婁郡南紀串本町橋杭岩
21. 東牟婁郡串本町田原海水浴場
22. 東牟婁郡那智勝浦玄武洞
23. 東牟婁郡那智勝浦町那智滝

三重県
24. 熊野市七里御浜
25. 吉野郡瀞峡
26. 志摩市御座白浜
27. 伊勢市五十鈴川（伊勢神宮脇）
28. 伊勢市二見浦

91

3-3：京都府天橋立阿蘇海

全体が外洋に面さない湾内の砂州としては日本で唯一です。白砂青松を具現化しています。砂は石英、斜長石、褐色珪質岩片。

18：和歌山県南紀白浜千畳敷

和歌山県白浜海岸の白い砂浜は立ち入り禁止。海水浴シーズンの前にオーストラリアから砂を輸入しているようです。砂は石英（褐色石英含む）、斜長石。

20-4：和歌山県串本町橋杭岩

波浪により侵食崩壊した橋脚のような岩塔（橋杭岩）が並びます。

砂は砂岩片が多く、ウニの棘の隣はフジツボの破片です。

橋杭岩自体は流紋岩の岩脈です。

第6章　世界の砂コレクション

23-1：和歌山県那智勝浦那智の滝

　那智の滝は石英斑岩からなっています。ほとんど垂直の断崖に沿って滝が落下しています。日本三名瀑の一つ。砂は石英、花崗岩片、砂岩片。

27：三重県伊勢市五十鈴川（伊勢神宮脇）

　三重県は中央部を東西に走る中央構造線により地質が分かれます。
　五十鈴川は伊勢市を流れる宮川水系の一級河川。砂は結晶片岩片、砂岩片。

ミニ情報

和歌山県白良浜の白砂。実は海外から輸入。オーストラリアから平成に同質の砂が13万トン以上輸入された。
　　　　　　　　　　　　　　　2021.9.20『産経新聞』朝刊
私が訪問した時は砂が流出しないように作られた突堤、オフシーズンには砂が風で飛ぶのを防止するためのネットも設置されていた。

中国

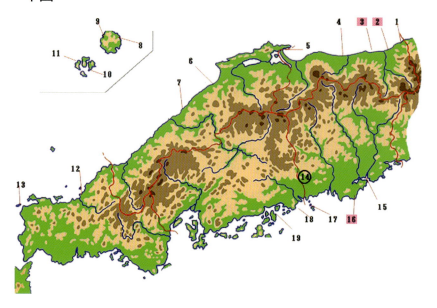

鳥取県
1. 岩美郡浦富海岸
2. 鳥取市鳥取砂丘
3. 鳥取市白兎海岸
4. 東伯郡大栄町の浜
5. 境港市中浜港

島根県
6. 出雲市多技町久村海岸
7. 大田市琴ヶ浜
8. 隠岐郡布施海岸
9. 隠岐郡福浦海水浴場
10. 隠岐諸島島前海士町
11. 隠岐諸島西ノ島町

山口県
12. 萩市指月公園
13. 下関市角島

岡山県
14. 井原市芳井町吉井
15. 敷島市大原海岸児島
16. 玉野市渋川海水浴場
17. 笠岡市白石島

広島県
18. 福山市仙酔島鞆の浦海水浴場
19. 尾道市因島

第6章　世界の砂コレクション

2-1：鳥取県鳥取市浜坂鳥取砂丘

　中国地方の花崗岩質の岩石が風化し日本海へ流出したあと、海岸に打ち寄せられたものが砂丘の主な砂となっています。砂は石英、褐色石英、斜長石。

3：鳥取県鳥取市白兎海岸

　鳥取砂丘の西端に位置する海岸で、砂礫は石英（褐色石英も含む）、斜長石、砂岩片、花崗岩片。

16-1：岡山県玉野市渋川海水浴場

　白砂青松の海岸線は約1kmの長さを誇り、「日本の渚百選」にも選ばれている美しい海岸です。
　砂礫は石英、褐色珪質岩片、アルカリ長石。

四国

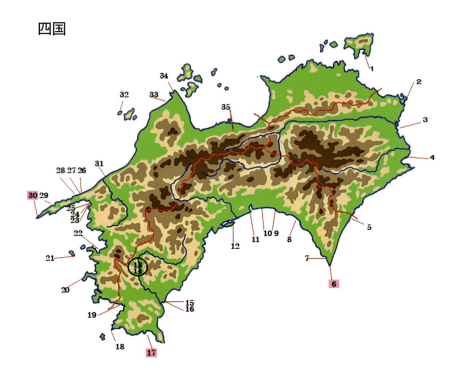

香川県	12 土佐市宇佐青龍寺前	24 八幡浜市大島海水浴場
1 小豆郡小豆島田浦	13 四万十川白瀬の河原	25 八幡浜市小網代（宇和海）
徳島県	14 四万十川網代川原	26 八幡浜市保内町磯崎夢
2 鳴門市鳴門町土佐泊浦	15 四万十市入野松原	永海水浴場
3 徳島市小松海岸	16 四万十市下田四万十川	27 西宇和郡伊方町三崎港
4 阿南市福村淡島海岸	河口	28 西宇和郡伊方町三机港
高知県	17 土佐清水市竜串海岸	29 西宇和郡伊方町大久
5 安芸郡東洋町白浜海岸	18 幡多郡大月町柏島宿毛湾	（佐田岬半島）
6 室戸市室戸岬月見ヶ浜	19 宿毛市威陽島公園	30 伊方町佐田岬灯台下
7 室戸市室津海岸	**愛媛県**	31 大洲市長浜町沖浦
8 安芸市伊尾木洞	20 南宇和郡愛南町由良岬	32 松山市怒和島元怒和
9 安芸郡琴ヶ浜海岸	21 宇和島市日振島（宇和海）	33 松山市北条鹿島（瀬戸内海）
10 香南市赤岡海岸	22 宇和島市小浜	34 今治市大西町星の浦海浜公園
11 高知市桂浜	23 西予市明浜町狩浜	35 中央市土居町上野関川の河口

第6章　世界の砂コレクション

6：高知県室戸市室戸岬月見ヶ浜

海岸段丘、岩礁、奇岩が見られ、海底の堆積物が変形した地層。砂は砂岩片、頁岩片、サンゴの破片が目立ちます。

17-1：高知県土佐清水市竜串海岸

竜串海岸の奇岩奇勝は、約1700万年前に浅い海でできた地層です。海中にシコロサンゴの群落地があります。砂は石英、砂岩片、有孔虫、ウミトサカの骨片、カイメンの骨片。

30：愛媛県伊方町佐田岬灯台下

中央構造線の断層の南側に連なる三波川変成帯にあります。変成を受けた岩石が見える場所です。砂は結晶片岩片、斜長石（風化して白色半透明に）、ウニの棘。

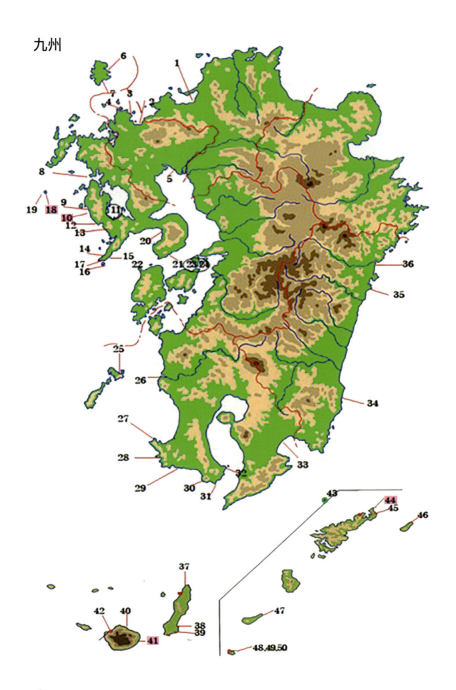

第6章　世界の砂コレクション

福岡県
1　博多湾

佐賀県
2　唐津市虹の松原
3　唐津市相賀松原
4　唐津市加部島
5　鹿島市有明海

長崎県
6　壱岐島里浜海水浴場
7　壱岐島筒城浜海水浴場
8　佐世保市白浜海水浴場
9　西海市大瀬戸西浜
10　西海市大瀬戸雪浦
11　琴海戸根町パサージュ
12　長崎市神浦港
13　長崎市式見
14　長崎市高浜海水浴場
15　長崎市川原海水浴場
16　長崎市脇岬海水浴場

17　長崎市野母崎町
18　新上五島町蛤浜海水浴場
19　五島市高浜海水浴場
20　雲仙市千々石海岸
21　南島原市原城跡

熊本県
22　天草郡苓北町富岡海水浴場
23　上天草市永浦島（島原湾）
24　天草市大浦島原湾

鹿児島県
25　薩摩川内市里西之浜
26　薩摩川内市西方海水浴場
27　南さつま市馬込浜
28　鹿児島市生見海岸
29　枕崎市台場公園
30　指宿市開聞十町入野
31　指宿市長崎鼻
32　指宿市摺ヶ浜海岸
33　曽於郡大崎町

宮崎県
34　日南市富士海水浴場
35　日向市日向湾
36　延岡市下阿蘇

薩南諸島
37　種子島西表市国上蒲田海水浴場
38　種子島浜田海水浴場
39　種子島南種子町宇宙センター
40　屋久島安房
41　屋久島宮之浦
42　屋久島永田浜
43　十島村
44　奄美大島笠利崎
45　奄美土盛海岸
46　喜界島トンビ崎
47　沖永良部島国頭岬
48　与論島兼母海岸
49　与論島大金久海岸
50　与論島寺崎海岸

10-2：長崎県西海市大瀬戸雪浦

約1億年前の沈み込み帯の堆積物（付加体）で、地下120km以深まで沈み込み形成された超高圧の西彼杵(にしそのぎ)変成岩です。砂は結晶片岩片、石英、サンゴの破片。

99

18：長崎県新上五島町蛤浜海水浴場

九州最西端の島、五島列島の北部に位置し生物遺骸の宝庫。砂はウニの棘、ウミトサカの骨片、サンゴの破片、有孔虫や貝殻片など。（下記写真はYahoo!）

41：鹿児島県屋久島宮之浦

屋久島は付加体の堆積岩に花崗岩が貫入してできた島。宮之浦岳も、ほぼ全て花崗岩でできています。砂は砂岩片、花崗岩片、石英。

44：鹿児島県奄美大島笠利崎

奄美大島は、北部が山の少ない地形で、南部の大半は山岳地帯です。笠利崎は最北端に位置します。

砂は摩耗した有孔虫、ウミトサカの骨片、ウニの棘、サンゴの破片。

第 6 章　世界の砂コレクション

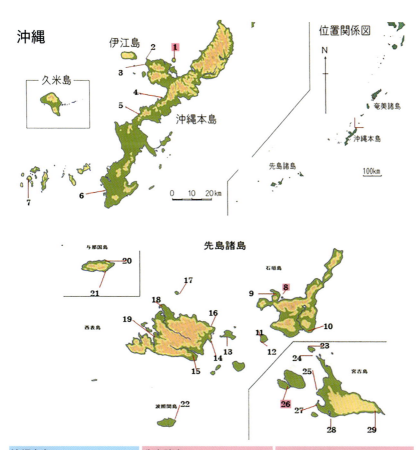

沖縄本島
1. 古宇利島
2. 本部町備瀬埼
3. 美ら海水族館前
4. かりゆしビーチ
5. 恩納リザンシーパーク
   ホテル前
6. 豊崎美ら SUN ビーチ
7. 阿嘉島（慶良間諸島）

先島諸島
8. 石垣島川平湾
9. 石垣島底地ビーチ
10. 石垣島白保
11. 竹富島カイジ浜
12. 竹富島
13. 小浜島
14. 由布島
15. 西表島仲間川
16. 八重山郡西表温泉前
17. 鳩間島
18. 西表島住吉星砂の浜
19. 西表島船浮イダの浜
20. 与那国島祖納ナンタ浜
21. 与那国島比川浜
22. 波照間島ペムチ浜
23. 宮古島市池間島
24. 宮古島市西平安名崎
25. 宮古島市パイナガマビーチ
26. 宮古島市渡口の浜
27. 宮古島与那覇前浜ビーチ
28. 宮古島市上野
29. 宮古島市海宝館前

101

1：沖縄県古宇利島

世界でも有数のサンゴ礁の宝庫。
　砂はサンゴの破片、ウミトサカの骨片、有孔虫など。2021.8.13の福徳岡ノ場の海底火山の噴火による軽石が漂着していました（2022.4.23）。

8-3：沖縄県石垣市石垣島川平湾

美しいエメラルドグリーンの海面と緑豊かな島々が点在する海で、国内外から高い評価を受けています。
　砂は摩耗した有孔虫、ウミトサカの骨片、サンゴの破片など。

26-1：沖縄県宮古島市伊良部島渡口の浜

砂浜は弓状に約800ｍ広がっています。透明度の高い水質です。
　砂はウミトサカの骨片、有孔虫（ゼニイシ、星の砂、アンフィステジナ）、サンゴの破片など。

第 6 章　世界の砂コレクション

海　外

アジア大陸、オセアニア、ヨーロッパ、アフリカ大陸、
北アメリカ・ハワイ、南アメリカ・南極に分けました。

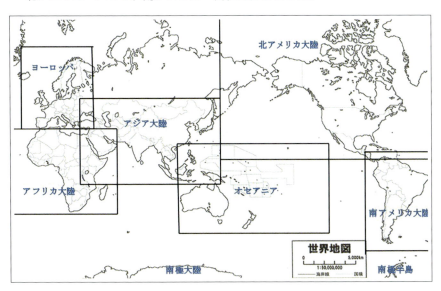

アジア大陸

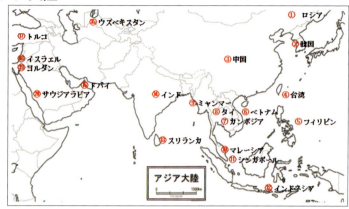

赤丸の数字は採集した国、黒字の数字は採集場所

①ロシア
1 ウラジオストクスポーツハーバー

②韓国
2 済州島サンバンサン海岸
3 麗水
4 慶州海印寺
5 慶州石窟庵
6 慶州ハンファリゾート

③中国
7 桂林市
8 香港島 Repulse Bay
9 広東省珠海ビーチ
10 厦門コロンス島

④台湾
11 台東県三仙台
12 大武海岸太平洋側

⑤フィリピン
13 Paraiso 海岸
14 Baco River

⑥ベトナム
15 ハロン湾

16 ハロン湾 夜市前
17 ダナン
18 クアダイビーチ
19 ムイネー海岸

⑦カンボジア
20 アンコールワット
21 ベンメリア遺跡

⑧タイ
22 シーラチャータイガーズ

⑨ミャンマー
23 バガン イラワジ川

⑩マレーシア
24 マブール島
25 シパダン島
26 ペナン島

⑪シンガポール
27 セントーサ島

⑫インドネシア
28 バリ島

⑬スリランカ
29 コロンボビーチ

30 ネゴンボビーチ

⑭インド
31 北部 アシュラム

⑮ウズベキスタン
32 キジルクム砂漠

⑯ドバイ
33 アルマハ砂漠

⑰トルコ
34 アイワルク海岸
35 カッパドキア
36 エーゲ海

⑱イスラエル
37 カイザリヤ
38 死海

⑲ヨルダン
39 ワディ・ラム

⑳サウジアラビア
40 アラビア砂漠

㉑ネパール
41 サプラ・コシ川

104

第6章　世界の砂コレクション

1：ロシア　ウラジオストクスポーツハーバー

金角湾は半島に切れ込んだ天然の良港です。スポーツハーバーは静かな入江になっています。砂は主に石英、褐色の石英、玄武岩片。

3：韓国　麗水-2　Bagjuko Beach

南東部から運ばれ堆積した花崗岩などからなる、波の穏やかな砂浜です。砂は細粒砂で石英、褐色の石英。

7：中国　桂林市

桂林は山水画的石灰岩峰群です。
　石灰岩の侵食による特徴的なカルスト地形。
　砂は主に石灰岩片と方解石。

10-1：中国　厦門コロンス島（陸側より）

中国を代表する景勝地。地質構造は複雑のようです。

砂は石英、斜長石、花崗岩片。

13：フィリピン　Paraiso 海岸-1

Negros 島 Canlaon 火山（2,500 m）はバコロドの街の近くにそびえ、時おり今も噴火しています。

砂は石英、磁鉄鉱を含む花崗岩片、角閃石。

15：ベトナム　ハロン湾

海の桂林と言われる石灰岩の景勝地。岩の下部が削れているのは石灰岩が海水でゆっくりと溶かされているため。

砂は石灰岩片、方解石、サンゴ片、有孔虫。

第6章 世界の砂コレクション

オセアニア地域

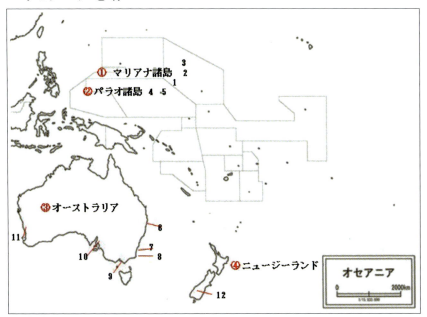

① マリアナ諸島
1 グアム
2 ロタ島
3 サイパン

② パラオ諸島
4 ジャーマンチャネル
5 アンテロープ

③ オーストラリア
6 ゴールドコースト
7 シドニー　ボンダイビーチ
8 シドニー　サーフビーチ
9 フィリップ島
10 アデレード　グレネルグビーチ
11 ピナクルズ

④ ニュージーランド
12 クイーンズタウン（湖畔）

107

3：マリアナ諸島　サイパン島

島は隆起したサンゴ礁で覆われています。

砂はほとんど海からの生物遺骸でサンゴの破片、有孔虫（星の砂など）、微小貝。

6：オーストラリア　ゴールドコースト

オーストラリアの東海岸の砂は花崗岩の後背地から供給されています。砂は粒度のそろった細粒砂で石英、斜長石、アルカリ長石。

11-2：オーストラリア　ピナクルズ（西海岸パース近郊）

海岸から奥に入ると荒涼とした石灰岩の林立した砂漠になります。

砂は石灰岩片、三放射に伸びたカイメンの骨片、有孔虫。

ヨーロッパ

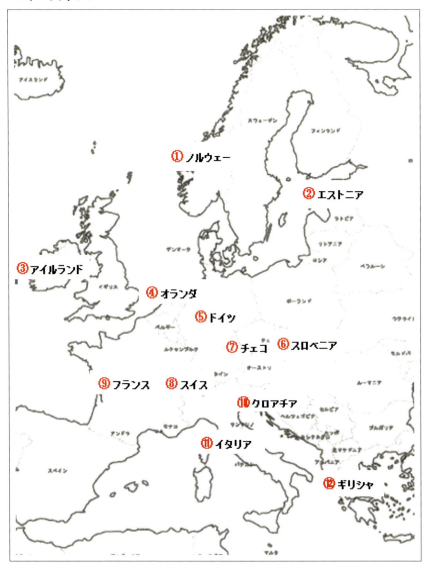

①ノルウェー
1 トロムソ

②エストニア
2 タリン（バルト海）

③アイルランド
3 アラン島
4 アラン島ロナン
5 アラン島アイルウィー洞窟
6 バレン
7 ブレー

④オランダ
8 北海
9 ワッデン海

⑤ドイツ
10 DURNSTEIN BRUCK
11 フュッセン

⑥スロベニア
12 ブレッド湖

⑦チェコ
13 カレル橋下

⑧スイス
14 Hopfen
15 Grindelwald Grund
16 ツェルマット
17 Rosel

⑨フランス
18 コートダジュール
19 サン・マロ
20 モンサンミッシェル

⑩クロアチア
21 オパティアビーチ
22 シベニクビーチ
23 スプリト海岸
24 ドゥブロヴニク海岸
25 トロギール海岸
26 プリトヴィツェ湖

⑪イタリア
27 Vernazza Beach
28 シチリア島シラクサ

⑫ギリシャ
29 ミコノス島
30 パトモス島
31 ケファロニア島

3：アイルランド　Aran Is.

アラン諸島は世界で最も明瞭な氷河カルスト地形の一つです。バレン高原付近の地質は石灰岩。

砂は石灰岩片、コケムシの破片、カイメンの三放射骨片、紫色のウニの棘、微小貝。

110

第6章 世界の砂コレクション

11：ドイツ　Fussen

アルプスへのドイツ側の入り口。砂はホテルのわきの川から採集しました。
砂は石灰岩片と角ばった方解石。

13：チェコ　カレル橋下

チェコ共和国の首都プラハは砂岩の塔や断崖、砂岩の渓谷などで形成されています。
砂は主に石英、斜長石。

14：スイス　Hopfen

スイスの山々を眺めることができる山間の静かな湖畔。
砂は砂岩片、石灰岩片、方解石。

15：スイス　Grindelwald Grund

　Eiger（3,970m）北壁を望む川岸で砂を採集しました。川の水は冷たく白く濁っていました。
　砂は石英、石灰岩片、結晶片岩片。

16：スイス　Zermatt

　Matterhornから流れる川で砂を採集しました。
　砂は石英、石灰岩片。

20：フランス　Mont Saint-Michel

　1877年に対岸と地続きの道路が造られ海水は循環していませんでした。
　2011年に採集した砂は石英、カイメン骨針（三放射骨針も見られた）。2014年に橋が完成しました。

第 6 章　世界の砂コレクション

アフリカ大陸

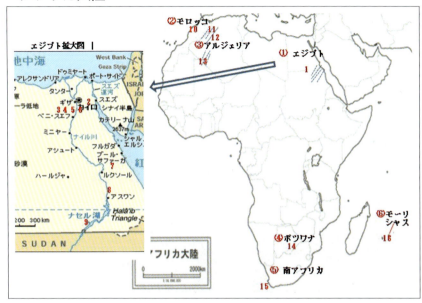

①エジプト
1　ヌビア砂漠
2　ギザメンフィス遺跡
3　ギザクフ王ピラミッド
4　階段ピラミッド
5　ピラミッド DAHSHUR
6　カイロ スフィンクス下
7　ルクソール王家の谷
8　コム・オンボ神殿
9　アブ・シンベル神殿

②モロッコ
10　カサブランカ
11　サハラ砂漠メルズガ
12　サハラ砂漠シェビ砂丘

③アルジェリア
13　アルジェリア　サハラ砂漠

④ボツワナ
14　チョベ国立公園

⑤南アフリカ
15　ボルダーズビーチ

⑥モーリシャス
16　モーリシャス

ミニ情報

　チョコレートの原料となるカカオ豆の生産で有名なアフリカ西部ガーナ。その海沿いの村々が、波による海岸浸食によって地上から消えつつある。ダム建設や砂の違法採取など人間の経済活動が影響しているほか、気候変動による海水面の上昇なども原因と指摘される。
　　　　　　　　　　　2022.6.26「朝日新聞 DIGITAL」

113

2：エジプト　ギザメンフィス遺跡

ピラミッドは海底で貨幣石という有孔虫（原生動物で絶滅種）が堆積した石灰岩でできています。

砂は石英、風化した玄武岩片。足元には様々な有孔虫の化石が見えました。

9-1：エジプト　アブ・シンベル神殿

砂岩できた岩山を掘り進めて作られた巨大な岩窟神殿です。

砂はほとんど石英。

16：モーリシャス

モーリシャスの7色の砂（STW Chamarel Seven Colored Earth）は、火山で噴出した様々な鉱物が大気に触れて色を変化させたもの。海岸の砂はサンゴの破片、有孔虫、ウニの棘。

第6章　世界の砂コレクション

北アメリカ、ハワイ諸島

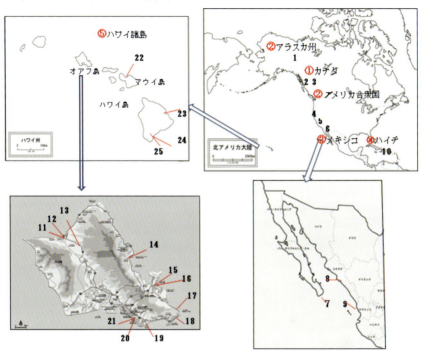

①カナダ
1　ユーコン川

②アラスカ州
2　ケチカン
3　メンデンホール・グレイシャー

アメリカ合衆国
4　サンフランシスコ海岸
5　モントレー
6　サンタモニカ

③メキシコ
7　カボ・サンルーカス
8　プエルト・バジャルタ
9　マサトラン

④ハイチ
10　ラバディ

⑤ハワイ諸島
オアフ島
11　ノースショア
12　ハレイワ
13　ドールプランテーション
14　クアロアランチ
15　カイルワビーチ
16　ラニカイビーチ
17　マカプウビーチ
18　サンデイビーチ
19　ハナウマ湾
20　ワイキキビーチ
21　アラモアナ

マウイ島
22　カフルイ
ハワイ島
23　ヒロ
24　Black Sand Beach
25　Green Sand Beach

115

6：アメリカ　サンタモニカ

砂はほとんど石英。スコリアを含む火山岩片も見えます。砂浜の広大さには驚きました。

7：メキシコ　カボ・サンルーカス (Marina)

砂は石英、褐色石英、花崗岩片。サンゴの破片も含まれていました。

14：オアフ島　クアロアランチ

砂はほとんどが美しく研磨された有孔虫です。薄片にして観察した結果、下の写真、中央右の有孔虫はヘテロステジナでした。

第 6 章　世界の砂コレクション

23：ハワイ島　ヒロ

ハワイ島ヒロはキラウェア火山、ケアラケクアのサンゴ礁、コーヒーで有名な場所です。

砂礫は玄武岩片、スコリア、サンゴの破片、ウニの棘。

24：ハワイ島　Black Sand Beach

黒い砂は熱い溶岩流が海まで流れ、火と水が衝突し細かい黒い砂へと砕かれたものと考えられています。砂は玄武岩片。

25：ハワイ島　Green Sand Beach

緑色の砂浜はマウナ・ロアの噴火で火口の一部が崩れ落ち、そこに海水が流れ込んでできたと考えられています。砂はかんらん石、輝石、鉄鉱物。

（写真：ハワイ島観光より）

117

南アメリカ・南極

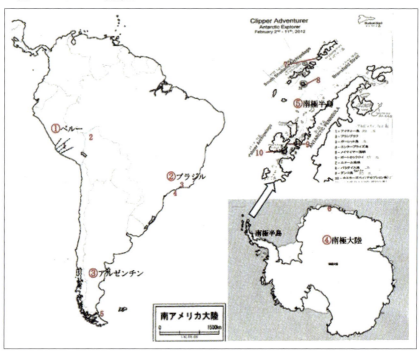

①ペルー
1 ナスカリマ（イカ砂漠）
2 マドレ・デ・ディオス川

②ブラジル
3 コパカバーナ海岸
4 フロリアノポリス

③アルゼンチン
5 フエゴ島

④南極大陸
6 昭和基地

⑤南極半島
7 サウスシェトランド諸島
　アイチョー島
8 デセプション島
9 ダンコ島
10 ポートロックロイ

第6章　世界の砂コレクション

5：アルゼンチン　フエゴ島

南アメリカ大陸南端のアルゼンチンとチリの国境となっています。

砂礫は結晶片岩片、緑色凝灰岩片、石英。

7：南極半島　サウスシェトランド諸島アイチョー島

島の多くは六角形状の尖った黒茶色の玄武岩（柱状節理）からなっています。また岩崖は波で侵食されています。

砂は黒色や赤色のスコリア、緑色凝灰岩片、玄武岩片。

9：南極半島　ダンコ島

南極大陸の一端（半島）に足を踏み入れることができた場所。

砂礫は緑色凝灰岩片、花崗岩片、珪質凝灰岩片。

119

第7章　砂浜の形成と変化

(1) 2年間にわたる千葉県勝浦市鵜原海岸(砂浜海岸)の定点観測

　千葉県勝浦市鵜原海岸（砂浜海岸）に供給している河川の河床、岩場、そして海岸の東側から西側の汀線側と陸側の砂について2014年から2015年の2年にわたり107ヶ所の砂を採集し分析しました。沿岸流は東から西に流れ、最後は離岸流として湾外に出て行きます。

　また東側海域は波蝕台により波が静かで子供向けの海水浴場です。西側海域はサーファーが楽しめる波がでます。また、荒天時に打ち上がったカジメなどの海藻も東から西に移動し離岸流にのって湾外に出て行きます。一方、潮汐流により陸側に打ち上げられた砂は引き波で汀線側に移動します。

第7章 砂浜の形成と変化

▪ 東側①から西側②までの粒径変化

沿岸流は波蝕台によりブロックされ、東側①では波が穏やかで小さい砂が集積している。流れは深い方へ進み波は大きくなり西側②では大きな砂が集積する。

以下、採集場所①と②の砂を比較した。

①の砂の拡大写真

（画像幅　4mm）
②の砂の拡大写真

粒の粗さ（粒度）	採集場所①	採集場所②
粒の粗さ（粒度）	細粒砂	中粒砂
円磨度	普通	普通
淘汰度（分級）	良好	極不良
砂の種類	石英、輝石、生物遺骸	生物遺骸、砂岩片、石英

採集場所①の砂の供給源は凝灰質砂岩の岩場から、採集場所②の砂の供給源は砂岩を主にした河川からと推定される。

▪ 汀線（波打ち際）から陸側に向かっての粒径分布

汀線側A及び陸側へ10m離れたB地点の粒径。右図の大文字A、Bは採集砂そのもの、小文字a、bは塩酸処理し生物遺骸を除いた岩石片・鉱物。

結果、陸側には大きな砂粒が残り、汀線側には小さな砂粒が残る。

特に、希塩酸処理し生物遺骸を除いた岩石片・鉱物には粒径分布の差が顕著であった。

汀線側（波打ち際）Aは潮汐流により大きく軽い生物遺骸や砂岩片などが陸側から汀線側に移動する。

一方、生物遺骸や砂岩片などを除いた岩石片や鉱物の粗粒砂は陸側Bに多く、汀線側Aに細粒砂が多い。

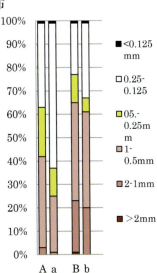

121

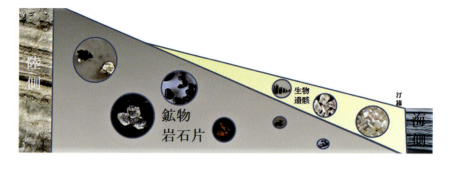

- 粒の粗さ（粒度）

 今回の千葉県勝浦市鵜原湾の調査から、海岸の砂は気象条件、潮流（沿岸流・潮汐）などに影響されていることがわかりました。

 また波蝕台により海流がブロックされた海域は波が穏やかなので粒子の小さな砂が集積しています。一方、流れは浅いところから深いところへ進み大きな波となり大きな砂が運ばれて集積しています。

  沿岸流の影響　①波が穏やかだと運ばれる粒子は小さく、②波が大きくなれば運ばれる粒子は大きくなります。

  潮汐流の影響　特に引き波で大きく軽い生物遺骸や砂岩片は汀線側Aに移動し、岩石片・鉱物の粒径は陸側Bが大きく汀線側Aに向かって小さくなっています。

- 円磨度

 大きな粒子は波浪エネルギーでぶつかり合い早く摩耗し、小さくなれば水が緩衝役となり円磨はゆっくりとなります。

 円磨は露頭から海岸までの河川よりも海岸（海）での波の影響のほうが大きい。

- 淘汰度（分級）

 比重が同程度の粒子は均一化されますが、比重が異なると不揃いとなります。また荒天後は不揃いとなります。

 鵜原海岸の西側は生物遺骸、砂岩片、石英など比重差が大きいため淘汰度は極不良です。

- 潮汐と砂の動き

 鵜原海岸での潮汐と汀線下の砂の動きについて観察しました（2015年8月

第7章　砂浜の形成と変化

18日観測)。

　海岸の中央部のA、Bと海面下のイ、ロ、ハの砂の動きを目視並びに簡易水中カメラを用いて調べ、必要な個所の砂を採集しました。

　引き潮の時は粒径の大きな軽い貝殻片や砂岩片などが陸側から汀線側へ転がるように移動し海底のステップまで運ばれます。ステップに溜まった粒径の大きな砂は動きが鈍く、潮が更に引くと沖に運ばれて行きます。また潮が満ち始めると粒径の大きな砂はステップに止まらず、海面下ですが陸側に移動しました。

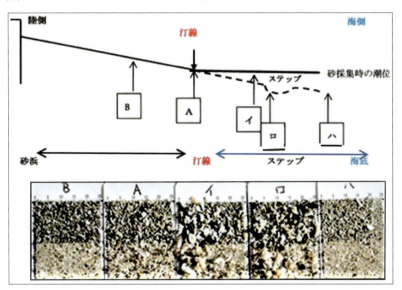

定点観測を振り返って

　定点観測には様々な準備が必要でした。100m、50mの巻き尺と強風時に巻き尺のテープが飛ばされないための押さえ、組み立て式の大型の分度器、砂を入れる200個の容器。目標決定のための目印マーカーと目印とした場所の写真撮影。潮位を同じくするための潮汐表なども準備しました。そして何よりも感謝しなければならないのは協力者でした。また地元の漁師の協力により船から湾内の海底を覗き説明を受け「波は深い方に移動する」なども勉強しました。そして、地元の方々の情報も多くいただくことができました。

(2) 三陸海岸（岩手県）の砂と砂浜

東日本大震災の影響

2009年11月に現地を訪ね10ヶ所の砂を採集しました。

その後、2011年3月11日に東日本大震災が発生し、その影響を調べるため2013年10月に再度訪問しました。

大震災前の採集に出かけた時は同じ場所を再度訪問する予定はなかったため、そして、台風の接近もあり前回の10ヶ所の採集場所に正確に立つことはできませんでした。

そこで、以下の3ヶ所に絞り対比してみました。

なお両日の潮位はほとんど同じでした。

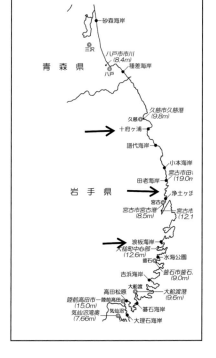

- 十府ヶ浦海岸（岩手県九戸郡野田村）

断崖や岩礁が多い三陸海岸のなかで、十府ヶ浦は「小豆砂」と呼ばれる淡い紫色の砂浜（実際には礫が多い）で、古くからの景勝地です。岩礁はおよそ8500万年前の海で堆積した久慈層群玉川層からなっています。2011年3月11日の東北地方太平洋沖地震により津波が発生し海岸近くの地点での津波の高さは14.5mでした。

津波により海底から細かく角ばった砂（大きな砂に比べ小さな砂は研磨されていない）が打ち上げられ、陸からの砂と混じり合っていました。チャートや凝灰岩片、頁岩片が多く見られました。

2019年12月、十府ヶ浦海岸の同一場所の砂を入手しました。小さな砂は海に戻され震災前の砂浜の状態に戻っていました。構成する鉱物には変化がありませんでした。しかし、巨大な防潮堤により砂浜は痩せてしまいました。

第 7 章　砂浜の形成と変化

砂浜と砂の変化

（2009 年 11 月）　　　　　　　　（2013 年 10 月）

（2009 年 11 月）　　　（2013 年 10 月）　　　（2019 月 12 月）

　暴浪により砂浜の砂は大小混じり合いましたが、時間が経過し陸側には大きな砂粒が残り、波打ち際に向かって小さな砂粒へと戻りました。

▪ 浄土ヶ浜（岩手県宮古市日立浜町）

（2009 年 11 月）　　　　　　　　（2013 年 10 月）

　地震による地盤沈下は 50〜90 cm。津波は全ての小島を乗り越えましたが、頂上の松の木は残りました。

　　　　（2009年11月）　　　　　　　（2013年10月）

　周りの島々が防波堤のようになっている小さな入江です。海面が上下したのみで、海底又は陸上（川など）からの新たな砂の移動はなく津波の前と変化はありませんでした。ほとんど白い流紋岩片で貝殻片も見られました。

- 浪板海岸（岩手県上閉伊郡大槌町吉里吉里）

　砂浜が無くなる。東日本大震災の津波と地盤沈下で砂浜が消失しました。その後大量の砂を投入し砂浜は元に戻りました。

　　　　（2009年11月）　　　　　　　（2013年10月）

　大震災前の2009年11月に採集した砂です。
　近くの海食崖（花崗岩からなる後背地）などから供給された石英、斜長石、茶色の石英、雲母です。

参考文献

　砂に関して出版されている本は少なく、小冊子やインターネットで散見できる程度です。

『世界の砂図鑑』須藤定久　誠文堂新光社　2014 年
『石ころ博士入門』高橋直樹・大木淳一　全国農村教育協会　2015 年
『ヒトデ・ウニ・ナマコを観察しよう』立川浩之　千葉県立中央博物館分館
　海の博物館　2016 年
『くらべてわかる貝殻』黒住耐二　山と渓谷社　2021 年
『新版　火山灰分析の手びき』野尻湖火山灰グループ　地学団体研究会　2007
　年
『砂の科学』Raymond Siever 著　立石雅昭訳　東京化学同人　1995 年
「三陸海岸（岩手県）の海岸と砂」木澤武司『楽水』No. 847　一般社団法人
　楽水会　2014 年
「海岸の砂の定点観測」木澤武司『楽水』No. 855　一般社団法人楽水会
　2016 年
「海岸砂の形成要因」木澤武司『楽水』No. 872　一般社団法人楽水会　2020
　年
『新版　小学館の図鑑 NEO 岩石・鉱物・化石』萩谷宏（指導・監修・執筆）
　小学館　2022 年
『ニューステージ　地学図表』浜島書店　2010 年
『砂浜の砂をのぞいてみたら』別所孝範　大阪市立自然史博物館　2021 年

「さんご礁の砂を造る単細胞生物、有孔虫」琉球大学理学部　藤田和彦　ウェ
　ブページ
「地質図 Navi」産総研　ウェブページ
「島根半島・宍道湖中海ジオパーク　有孔虫について」島根半島・宍道湖中海
　ジオパーク　ウェブページ
「三波川変成帯の岩石」大鹿村中央構造線博物館　ウェブページ
「グリーンタフ」おおだ web ミュージアム　ウェブページ

お わ り に

先ずは砂に興味を持っていただけましたでしょうか。

自分の住んでいる近くの海岸や旅行先の砂浜で砂を小さな瓶に入れて保管してください。そして、採集した砂をルーペなどで覗いてみましょう。綺麗な岩石片、鉱物、生物遺骸が見つかります。

今まで述べてきたように砂浜は変化しています。場合によっては無くなってしまうかもしれません。また海外から運んできた砂もあるかもしれません。

DVDの約600ヶ所以上の砂写真の中から「こんな綺麗な砂浜」へ行ってみたいと思われましたか？

私は自宅のベランダに小さな作業場を作り、部屋には実体顕微鏡・偏光顕微鏡・カメラなどを用意しました。また千葉県立中央博物館のサークル「ヒスイの会」石井良三氏には各種器具の提供をしていただきました。

そして、産業技術総合研究所の須藤定久先生のご指導により砂の高精度画像写真撮影までたどり着きました。次に「この砂は何かな？」の疑問から私が市民研究員として所属しています千葉県立中央博物館の高橋直樹先生、加藤久佳先生、黒住耐二先生、菊川照英先生、分館海の博物館の立川浩之先生、さらに琉球大学の藤田和彦先生、東京海洋大学のご指導をいただき集大成してきました。

特に高橋直樹先生（上席研究員）には、ご多忙のところ原稿を校閲いただき、貴重なご指摘をいただきました。本文中の内容等での誤りがありましたならば、すべて私の勉強不足によるものです。

砂の採集にご協力頂いた方々

赤司卓也、泉和男、石田素子、大畑仁子、大平一昭、小倉恭子、柏木真弓、金平良雄、木澤洋子、栗山隆、小西信行、齋藤佐和、櫻井勇治、佐々木國夫、佐竹孝夫、佐藤裕美子、関勝彦、武井弘光、富田道子、朝長純一、根本均、野口義恭、野原敏行、日川優太、桝井明美、松岡昭男、三澤紘彦、山本悦子、吉野千春、Darren Bloomfield 他（敬称略）　ありがとうございました。

私は砂に興味を持つことで多くの方々にお会いすることができました。そして、色々な場所に旅行することができました。砂に感謝です。

2025年3月

木澤　武司（きざわ　たけし）

1942年生まれ。東京水産大学（現東京海洋大学）卒業。
大手化学会社に入社し、60歳で同社の子会社の責任者となる。65歳退職。
現在は千葉県立中央博物館の市民研究員を務める。

陸と海からの贈り物
砂と砂浜
DVD（世界600ヶ所の高精度砂写真）付

2025年5月11日　初版第1刷発行

著　　者　木澤武司
発行者　中田典昭
発行所　東京図書出版
発行発売　株式会社 リフレ出版
　　　　　〒112-0001　東京都文京区白山5-4-1-2F
　　　　　電話 (03)6772-7906　FAX 0120-41-8080
印　　刷　株式会社 ブレイン

© Takeshi Kizawa
ISBN978-4-86641-830-8 C0044
Printed in Japan 2025
本書のコピー、スキャン、デジタル化等の無断複製は著作権法上での例外を除き禁じられています。本書を代行業者等の第三者に依頼してスキャンやデジタル化することは、たとえ個人や家庭内での利用であっても著作権法上認められておりません。

落丁・乱丁はお取替えいたします。
ご意見、ご感想をお寄せ下さい。